オラフ教授式
理工系の
たのしい
英語プレゼン術 77

［著］
カートハウス オラフ
Karthaus Olaf

上野早苗
Sanae Ueno

［漫画・イラスト］
榊ショウタ
Shota Sakaki

JN047152

講談社

〈登場人物紹介〉

オラフ教授

ドイツ出身。来日約30年，人生の半分以上を日本で過ごす親日家。大学で高分子材料やナノテクノロジーに関する研究を行っている。やさしくおおらかな性格だが，指導はきわめて熱心。マナへの指導も2年目になり，多少あきれ始めているところもあるが，熱い情熱を持って大切な学生を指導し続けている。

鶯谷マナ

大学院修士課程1年生。学部4年生のときからオラフ教授の研究室に所属し，現在は2年目。明るい性格だがかなりの天然女子で，抜けているところが多い。
両親や周囲からは「なぜあの子が大学院で研究をしているのか」と思われている。
夢は世界中の人に役立つ素材を開発すること。現在の研究テーマはクモの糸をもとにして新しい機能材料を作ること。

まえがき ──「覚悟を決めよう」もうどこでも英語です

　日本社会はどんどんグローバル化していますが，国の発展のためには当然といえます。グローバル言語は英語です。ですから，英語が好きか嫌いかにかかわらず，英語によるコミュニケーション（＝聞く・読む・話す・書く）能力を習得することが大切です。

　国内の学会でも英語で発表を行うセッションが増加していますが，これは留学生や海外の研究者たちのためだけではありません。日本人の学生に自分の研究を英語で発表する機会を与えるという目的もあります。同じ理由で，グループセミナーや大学の講義も英語で実施されることが増えています。

　とはいえ，「今は忙しすぎるので，本当に必要になったら英語を学びます。」や「英語が流暢に話せないと困る人もいるかもしれないけれど，私には別に必要ないです。」と考えている人も多いことでしょう。しかし，英語を身につけているからこそチャレンジできることもあります。必要になってから学ぶのでは，その扉が閉ざされてしまいます。あるいは，「いずれ，人工知能が助けてくれる世の中になるでしょう。」と考えている人もいるかもしれません。しかし，テクノロジーも万能ではありません。高層ビルにはエレベーターが必ず設置されている時代でも，エレベーターが故障したときや，何らかの理由で電力の供給が遮断されたときには，私たちは階段を自力で昇り降りしなくてはなりません。つまり，エレベーターというテクノロジーがあるとはいえ，階段を昇り降りする体力が必要なのです。そうでなければ，ただ部屋の中でじっとしているしかありません。はたまた，こんな考え方もあります。「自分が父親や母親になったとき，赤ちゃんの世話をロボットに任せっきりにしますか？」　答えはもちろんNoでしょう。あなたの研究はあなたの赤ちゃんともいえます。研究の成果は自分の苦労の賜物ですから，とことん自分で面倒をみてあげたいと思いませんか。

　この本を執筆しようと思ったのは，私がこれまで出席してきた数多くの学会において，日本人が英語でのプレゼンや，効果的なプレゼンをすることに苦心している様子を見て，何かできることはないかと思ったためです。日本人の科学者による英文の要旨（アブストラクト）や論文を数え切れないほど読んできたことで，日本人特有の典型的な間違いについてもわかりました。

　私自身，プレゼンの技術に関するセミナーに数多く出席してきましたし，インターネットで公開されている英語を母国語とする人たちによる科学英語に関するディスカッションなどを見聞きし，プレゼンそのもの，および英語によるプレゼンについて，ずっと勉強してきました。この本のアドバイスは，私が長年にわたって収集してきた資料に基づいて書かれています。

　この本を執筆するにあたり，千歳科学技術大学の英語講師Randy Evans先生には，英語表現と文法例について，またアメリカ英語の発音に関して貴重な助言をいただきました。ここに深く感謝いたします。

2020年4月　**カートハウス オラフ**

[Contents]

実践編❷：ポスター発表　149

発展編　157

コラム

英語のプレゼンなんて，自分とは関係のないものだと思っていませんか？
島国である日本にもグローバル化の波がどんどん押し寄せて来ており，あなたも近いうちに英語でプレゼンをすることになるかもしれません。
とはいえ，まずは日本語のプレゼンでも何から始めたらよいか，右も左もわからない方へ，プレゼンに対する正しい姿勢をお伝えします。

心の準備編

STEP 01 エキスパートとしてプレゼンをしよう ——お金, 時間, エネルギーを無駄にしてはいけない

　プレゼン用のスライドづくりやセリフの準備にとりかかるより前に, まず, 明確にしておくべきことがあります。それは「自分が学会で発表する目的は何か？」ということです。

「指導教官／上司に言われて」

「卒業に必要なので」

「奨学金が欲しいから」

「みんながやっているので」

「彼女／彼氏にいいところを見せたくて」

などいろいろな理由があるでしょうが, もっとも重要な目的は「自分のため」です。

　プレゼン, 特に英語でのプレゼンには, 高い集中力, 創造性, 忍耐力が要求されるため, しっかりとした目標が必要です。その目標を達成するために自ずとスキルがアップし, 科学者として, 研究者として, 教員として, 技術者として自分の持ち味を最大限引き出すことができるでしょう。さらには将来の可能性のドアを開くことにもなるのです。

　次に大きな目的は「社会のため」です。あなたが発表に至るまでには直接的にも間接的にもあなたという人材に多くの投資がなされています。あなた自身も, 今回の発表のために多くの時間とエネルギーをつぎ込んだはずです。研究成果について指導教官や上司と議論したり, バトルしたりしたかもしれません。そのように費やされたお金, 時間, エネルギーによる成果は目に見える形で残さなければなりません。あなたが受けた投資は社会に還元しましょう。

　あなたの研究について, あなたほど熟知している人は世の中にはいません。研究のエキスパートとしての姿勢を見せましょう！　時には, 自分のしている研究をつまらなく感じたり, 100%にはほど遠いと感じたりすることがあるかもしれません。しかし, 自分の研究で得られた成果や培った知識には自信を持ってください。

　また, あなたが持っている結果や知識を他の人たちとシェアしたいと思うのはごく自然なことです。あなたが他の人のプレゼンから多くのことを学ぶように, 他の人たちもあなたのプレゼンから学ぶことができます。ですから, 発表時のあなたの態度は

「自分の研究はなんておもしろいんだ！」

「この研究はなくてはならない！」

のようにあるべきです。あなたの研究にあなた自身がワクワクしていないなら, いったい誰が喜んで聞いてくれるでしょうか？

学会の参加登録

　すべてではないにしても，ほとんどの学会はインターネットで参加登録をします。参加登録料もインターネット経由で支払わなくてはなりません。学会の前に行う事前登録は，学会の当日支払いよりも，10〜20％ほど安くなります。

　あなたが学生で，学会に参加登録をしたい場合，まずはあなたの指導教官に必ず確認を取ってください。そして，その後の作業も指導教官の指示に従ってください。所属する大学にもよりますが，指導教官が学生の学会参加登録料を負担することを認めないケースが多いです。その場合，あなたは自分のクレジットカードで学会参加登録料を支払わざるを得ないことになるかもしれません。自分の学校のルールを確認して，それに準じてください。

　また，事前登録の時点はあなたが学会参加登録料を立て替え，学会終了後に大学が支払い処理をしてくれる場合もあります。学会では，出版社が書籍の販売ブースを出展し，学会会期中限りの割引販売をしている場合もありますので，お金にいくらか余裕を持っておくことも必要です。

STEP 02　あなたの研究を知らせよう

　素晴らしいプレゼンは，ある意味では聴衆を旅へと誘います。研究中はまるで探偵業のようだったかもしれませんが，プレゼンは推理小説（殺人者が意外にも庭師であったといった大どんでん返しなど）のように聞き手を最後の最後までハラハラさせるものではありません。プレゼンとはいわば「旅行記の発表」です。さあ，あなたの体験した旅について，聴衆に語る姿を想像してください。

　　「先月私はニセコに行き，羊蹄山の周りを自転車で走りました。早朝に出発して，札
　　幌駅7時発小樽駅行きの電車に乗り・・・」

この話から聴衆はあなたの旅の行き先と目的を知ります。予想もしていなかった道中での出来事を話せば，聴衆にお薦めの場所や行かないほうがよい場所についても教えることになるでしょう。人とは違う角度から撮影した羊蹄山の写真を紹介し，ジンギスカン・バーベキューを楽しむ姿が最後を飾ります。この旅のエキスパートはあなたなのです。旅で体験した道，お店，休憩所だけでなく，キツイ坂道や危険な小道についても語れるのです。アルプスをトレッキングしたことがあるような人でさえ，あなたの話から学ぶことがあります。自分も行ってみたいと思ってくれるかもしれません。聴衆は非常に貴重な情報をあなたのプレゼンから得て，あなたの努力に感謝し，あなたの感動的な話と写真を楽しみます。

　プレゼンも同じです。聴衆にあなたが成し遂げたことを語ってください。なぜその研究をしたのか，どのように研究を行ったのか，何を経験したのか，次にしたいことは何

かを存分に伝えてください。

　新しい現象を発見したとき，衝撃的な電子顕微鏡画像をはじめて見て驚いたとき，分光スペクトルで特別な兆候を見つけたとき，あなたの興味や感じた興奮を，おそれずに紹介してください！　あなたのワクワクしている気持ちが聴衆に伝わり，聴衆もまたワクワクしてくるのです。

STEP 03 あなたの思いが伝染するようなプレゼンをしよう

　プレゼンとは，自分の考えたセリフを正しい文法・発音で話せばよいわけではありません。抑揚，スピード，語彙，文と文の間のひと呼吸も重要な情報を与えます。そのほかに，発表者の表情，アイコンタクト，身振り手振り（ボディ・ランゲージ）の使い方，体の向き，姿勢なども聴衆は見ていますし，発表者が緊張していて自信がなく怯えている状態なのか，落ち着いていて自信があり楽しんでいる状態なのかも伝わるものです。

　STEP 2でもお話ししたように，あなたはワクワクした気持ちを持ってプレゼンすべきです。世の中には内向型と外向型の人がいますが，私が思うに，科学や技術の分野には外向型よりも内向型の人のほうが多いようです。ですが，内向型の人＝コミュニケーションが嫌いな人ではないと思います。内向型の人は聴衆との交流でエネルギーを消耗し，外向型の人は逆にエネルギーを獲得します。私も実は内向型の人間ですが，私のことを知っている人たちは，私が人と話すことでエネルギーを消耗しているなんて信じないかもしれません。ですが，プレゼンの前は毎回緊張します。しかし，自分の研究に対するワクワクとそれとは話が別です。私は仲間の研究者たちに私の研究について知ってもらいたいのです！　学生たちには科学に関心を持ってもらいたいのです！

　もし人前で話すときに落ち着いていられないと感じるのならば，プレゼンに対する覚悟が足りないのかもしれません。「自分の研究はおもしろい」と強く思うことにより，「ステージの上にはいたくない」という感情を支配することが可能です。自分の意志によりコントロールするわけですので，かなりの訓練を必要としますが，必ずできるようになります。ただし，頑張りすぎないように注意してください。重要なのはあなたが自分らしくふるまうことであり，聴衆はあなたが緊張で硬くなっていればわかるのと同様，不自然に元気者を演じても見破るでしょう。

　自慢ではないですが，私はプレゼンの後に好意的な感想をいただくことがよくあります。つまり，私のワクワクは伝染したわけです。私はこんなことを言われたこともあります。

　「聴衆はあなたが何を語ったかについては覚えていないが，どんな印象を与えたかについては忘れないだろう」

少し大げさではありますが，的をついていると思います。

● 人前で話すのが苦手な人は…

① 自分の研究をおもしろいと思う

② 自分らしくふるまう

「自分の研究をみんなで共有するんだ」
というモチベーションで挑むと
いいかもですね！

STEP 04　聴衆を知っておこう

　プレゼンの準備を始める前に，そもそもその学会・イベントではどんな人が聴衆であるのかを知っておくことが重要です。もし過去に似たような学会・イベントに参加したことがあるなら，すでにかなり良い情報を持っていると言えます。もし参加したことがないのであれば，その学会・イベントについてできるだけ多くの情報を集めてください。参加者の人数，年齢，所属，科学知識のレベルなどです。

　私は国内での学会・国際学会や海外での国際学会，グループセミナーだけでなく，小学校，中学校，高校，技術博覧会，市民講座，教会や，高名な科学者を前にした場でもプレゼンをしたことがあります。学会と技術博覧会では聞き手が違うのですから，違う内容のスライドやポスター，異なるプレゼン・スタイルが必要です。それは英語でも日本語でも同じです。あなたが聞き手のことを知らないと，せっかくのプレゼンが簡単すぎてつまらない，あるいは難しすぎてわからないなど，十分な情報を与えられない，さらにはワクワクを伝えられないリスクが高くなってしまいます。

　年齢や所属の違いによる集中力の持続時間も考慮に入れておかなくてはなりません。後ほど詳しくお話ししようと思いますが，学会の場では原則として「講演者が話している間は，決して質問をしない」というのがルールであるのに対し，小学校では子供たちは話をするのが大好きで，「話の途中でも必ず質問しなきゃだめ」というのがルールであるため，積極的に参加してきます。子供たちはイベントに参加できないと興味を失ってしまいます。私は聴衆の年齢層を見て，学会の発表前に自分のプレゼン内容を調整することだってあります！

　本書は学術的な学会でのプレゼンに焦点をしぼります。学校や市民講座でのプレゼンにも当てはまるヒントもあれば，そうではないヒントもあります，読者の皆さんでそれぞれ判断してください。

学会では何が起こるかわからない

　学会では何が起こるかわかりません。発表者が登場しない（STEP 59のコラムのように），ポスターの掲示板にポスターが掲示されず空いたままである，航空会社やガソリンスタンドでのストライキや悪天候のために学会の会場に到着できない，新型コロナウイルスの発生による学会の中止など，さまざまなトラブル・問題が発生します。

　私が経験した中でもっとも記憶に残っている出来事の1つは，ワイン愛好家として知られている基調講演者が，壇上にワインボトルを持ってきたことです。彼は話をしながら，1枚目のOHPシートをプロジェクターの上に置き（すなわち，パソコンを用いたプレゼンが行われる前の時代の話），ワインボトルのコルク栓を抜きました。彼は45分のプレゼンの間，グラスを持ち続けたのです。そして，ワインを少しずつ飲み続けながら，発表を続け，ディスカッション・タイムまでに，ほぼ一瓶飲み終えてしまいました！　それでも酔っぱらっている様子はありませんでした。

持ち帰ってほしいメッセージを決めよう

あなたがプレゼンをする目的の1つは，聴衆に自分の話を覚えて帰ってもらうことです。そう考えると，プレゼンのタイトルはできるだけ多くの注目を集めるものである必要があります。国際的な学術論文のタイトルはいくつかのタイプに分けられますが，プレゼンのタイトルでも同様です。

⑴ 作製したり使用したりした物質を示しただけのタイトル
"Nanostructured anti-corrosion coatings"
　「ナノ構造による腐食しないコーティング」
"Biomimetics of flower petals"
　「花弁の生物模倣」

⑵ 主語・動詞がなく文章としては完成していないタイトル。基本的には，使用した物質や方法，結果といったキーワードの羅列
"Effect of Microgravity on the Formation of Honeycomb-patterned Films by Dissipative Processes"
　「散逸過程によるハニカム（ハチの巣）パターン膜の形成に及ぼす微小重力の影響」
"Electricity on Rubber Surfaces: A New Energy Conversion Effect"
　「ゴム表面の電気的特性：新しいエネルギー変換」
"Displays from Transparent Films of Natural Nanofibers"
　「天然ナノファイバーからなる透明フィルムにより作製したディスプレイ」

⑶ 聴衆に伝えたいことを要約した文章形式のタイトル。このタイプのタイトルはバイオ系や医学系のプレゼンでよく使われる
"Tarantula tint inspires new ways of making colors"
　「タランチュラの色合いは色を作る新しい方法を思いつかせる」
"XYZ enhances the aggregation of ABC"
　「XYZはABCの会合を促進する」
"Super carbonate apatite can reduce high tumor interstitial fluid pressure and enhance tumor uptake"
　「過炭酸アパタイトは高い腫瘍間質液圧を低下し，腫瘍の取り込みを促進する」

　一方で，もしあなたがプレゼンの中で答えを示すつもりがあるならば，タイトルを質問調にしてもよいでしょう。

(4) 質問調のタイトル

"Can we mimic the hierarchical surface structure of pollen grains with polymers?"
　「花粉粒の階層的表面構造を高分子で模倣することはできるか？」
"Strategies for addressing MEMS and NEMS sensors: What components for what applications?"
　「MEMS*およびNEMS**センサーに対処するための戦略：どのようなアプリケーションにどのようなコンポーネントがあるのか？」

　プレゼンのタイトルはまさに「持ち帰りメッセージ」として，あなたが聴衆に覚えてもらいたい話や，そこへ導いていくための重要なポイントにすべきです。ショックかもしれませんが，あなたのプレゼンの中からたくさんの情報を覚えて帰る，という人はごくわずかで，記憶されるのはせいぜい2つか，3つ程度の事項です（笑）。このことを十分に考慮して，プレゼンの準備をする必要があります。あなたが聴衆に必ず覚えて帰ってほしいことは何かについてよく考え，それをあなたのプレゼンに盛り込むのです。

　口頭発表では，少なくとも3回は必ずその「持ち帰りメッセージ」に言及してください。ポスターであれば，よく目立つ位置に必ずそのメッセージを記載してください。

---

*MEMS：micro electro mechanical systems，微小な電気機械システム
**NEMS：nano electro mechanical systems，ナノメートルオーダーの電気機械システム

STEP 06 口頭発表とポスター発表の違いを理解しよう

　口頭発表とポスター発表の2つはまったくの別物と考えたほうがよいでしょう。口頭発表のスライドをただプリントしただけではポスターとは言えませんし，それをやってしまうとインパクトのない残念なポスターになります。また，口頭発表のほうが「格上」で「すぐれている」という誤解がありますが，とんでもないことです。私は学会においてあえてポスター発表を選ぶこともあります！　ただし，口頭発表とポスター発表が学会運営委員会によって振り分けられ，申請時に選択できない学会もありますので注意してください。

　口頭発表の長所は15分，20分といった決まった時間ですぐに終わることです。ポスター発表の場合は1時間あるいは2時間といった口頭発表よりも長い時間発表しなければなりません。小規模な学会では会期中ずっと展示されていることもありますが，これは長所とも言えるでしょう。たとえば，口頭発表が休憩となっている時間帯に聴衆を自分のポスターへと誘導し，説明することもできるのです。

口頭発表が母国語以外の言語で行われる場合には，言葉の壁が大きな問題となります。準備に長い時間をかけたとしても，質疑応答で何を聞かれるかは予測不可能で，大勢の聴衆の前で恥をかく可能性もあります。それに比べるとポスター発表はリラックスできます。もしあなたが失敗をしたとしても，ほんの数人の聴衆が気づくだけですむのです！

口頭発表	ポスター発表
長所	**長所**
◆同時に大勢の人々に伝えられる	◆積極的に人を集めることができる

◆プレゼン時間は短い	◆より詳しくディスカッションができる

	◆展示時間が長い
短所	**短所**
◆大勢の前で話さなくてはならないので緊張する	◆同時に展示されている他のポスターとの競争になる

◆聴衆があなたの話を聞き逃しやすい	◆長時間立っていなければならない

◆ディスカッション・タイムがあまりない	◆ポスターが荷物になる
◆十分に理解できない場合がある	◆ステータスが低いと思われがちである

スライドづくりの基本姿勢を身に付けよう

　口頭発表は基本的に書籍や論文などと同じく構成があり，発表題目（Title）および発表者の所属などを示すスライドの後は，序論（Introduction，イントロ），実験方法（Experiments），結果（Results），考察（Discussion），結論（Summary，まとめ），展望（Future work），引用文献（Reference）および謝辞（Acknowledgement）という流れになります。書籍や論文と口頭発表の違いは，書籍や論文では読者が自由に前へ戻ったりできるのに対し，口頭発表は逆行することのない流れで進むという点です。

　発表には流れがあるので，実験と結果の説明が離れすぎるのはよくありません。発表したい実験方法・結果が複数ある場合，スライドの順番は，実験方法1，結果1，考察1，実験方法2，結果2，考察2，…のようにします（実験方法1，実験方法2，…，結果1，結果2，…ではなく）。すなわち，ある実験方法の後にはその結果を示すデータ，その実験の結論を続けます。自分以外の人の文献を引用した場合や自分の発表済みの論文を紹介する場合は，それぞれ適切なスライドに入れます。

　プレゼンはある種，ストーリー（物語）であり，聴衆をそのストーリーへ引き込まなければなりません。筋書きがあいまいで，違和感を感じさせる流れ，そしてクライマックス（重要な発見）やオチ（結論）もなく，聴衆に特段の感想を与えない（持ち帰りメッセージがない）ようなストーリー（プレゼン）は欠陥だらけです。修正しましょう。

　プレゼンの構成には基本的に2つのパターンがあります。1つは結果をもとに構成を組み立てるパターン，もう1つはストーリーをもとに構成を組み立てるパターンです。結果をもとに構成を組み立てる場合には，すべての実験方法，結果，考察を順番に並べていきます。すべての実験結果を同じパターンのテンプレートにはめこんでプレゼン・スライドを作りましょう。あなたが多くの時間とエネルギーを費やしたそれぞれの実験結果をおおいに語ってください。

　ストーリーをもとに構成を組み立てる場合は，これとは大きく異なります。すべての実験結果について，「この結果は，今回のストーリーで語る必要があるのか」と批判的に自問自答し，答えがNoであれば取り除いてください。ストーリーに加えることで聴衆を混乱させたり，気を散らせたりしないためです。当然ながら正直である必要があり，たとえばある実験結果がストーリーに矛盾するという理由でその実験結果を省くことは，科学者として最低な行為です。重要なことは「自分のテーマにおいて，自分が持っている実験結果のうち，どれを選択すれば聴衆に関心を持ってもらえるストーリーになるか」であり，「自分の考え，目的，テーマに合わせるためにはどのデータを選べばよい

か」ではありません。プレゼンは，単なる実験結果を語るだけの行為ではないのです。

また，あなたが伝えたい重要なメッセージ（持ち帰りメッセージ）を，序論，結果，結論の最低3ヵ所に入れておく必要があります。その際，全体の発表時間の中でバランスよく持ち帰りメッセージが登場するとよいです。

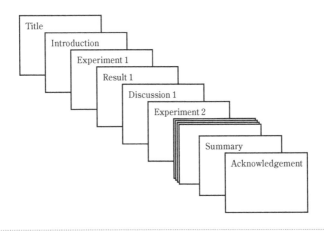

| 図07-1 | スライドの構成

最適なスライドの
枚数を考えよう

STEP 08

　人間の集中力が持続する時間には限度があります。幼児は1つのことに数秒しか集中できません。がんばっても10秒か20秒程度でしょう。集中力の持続時間は年とともに増加し，あるところで限界が来ます。一方，新しい情報を脳内で処理するためにかかる時間は，年を取るほど長くなります。もちろん，知識の蓄積により，処理時間が短くなることもあるでしょう。

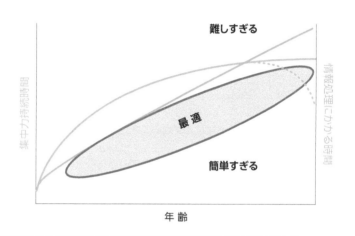

| 図08-1 | 1つのスライドの内容を理解するのにかかる時間と聴衆の年齢の関係

| 表08-1 | プレゼンにおける時間配分・スライドの枚数

	時間配分	スライドの枚数	
		15分の講演	30分の講演
1. タイトル	—	1枚	1枚
2. イントロ	20%	2枚	5枚
3. 結果＋考察	50%	6枚	15枚
4. まとめ	15%	2枚	2枚
5. 展望	15%	1枚	2枚
合計	100%	12枚	25枚

　聴衆がおもしろいと感じるスライドであれば，聴衆の集中力持続時間を延ばすことができます。そこで以下のSTEPでは，スライドづくりのコツと，情報をわかりやすく伝える方法についてお話しします。

　1枚のスライドにかける説明の時間ですが，40〜100秒または1分前後というプランを立てましょう。もし1枚20秒のスピードでスライドをめくったら，聴衆は内容を理解しそこねます。ただし，長い話にちょっとしたアクセントを加えたい場合は，画像や問いかけ，ユーモラスなスライドを20〜30秒見せる，という方法も考えられます。一方で，1枚のスライドにかける時間を長くしすぎると，今度は聴衆が飽きてくる危険性があります。1枚のスライドで2，3分間語ることがあるなら，その1枚には情報量が多すぎるというサインかもしれないですので，いくつかのスライドに分けてみましょう。

　各部分の時間配分ですが，イントロが20%，結果（実験方法の説明とデータの説明を含む）が50%，まとめと展望がそれぞれ15%となることを目安にするとよいでしょう。

　細かいことですが，スライドの隅にスライドの通し番号を入れたり，全スライド数に対する通し番号（10/32など）を入れたりすることもできます。そのようにしておくと，ディスカッションの中で聴衆がスライドを指定するとき（「吸収スペクトルの載っている14番目のスライドで・・・」など）に便利であると同時に，聴衆にあなたの話が終わるまであと何枚スライドがあるのかを知らせることができます。

STEP 09 スライドの基本構成を知っておこう

　発表全体にタイトル，序論（イントロ），実験方法，結果，考察，結論（まとめ）などが必要であるように，個々のスライドにもそうした起承転結が必要です。まず，タイトルは簡潔に1行で収める一方で，できるだけ多くの情報を盛り込みます。「背景（Background）」，「赤外分光法（IR spectroscopy）」などの短いタイトルだけでは不十分です。聴衆が居眠りをしたり集中を切らしたりすることを常に想定しておくべきであり，目を覚ましていきなり「赤外分光法」という文字だけが目に飛び込んできたら聴衆は途方にくれてしまいます。

　結果用のスライドには，テーブル（表）形式またはグラフ形式のデータを入れておくべきです。最後に，それぞれのスライドにも，まとめ（＝そのスライドの持ち帰りメッセージ）を入れましょう。このスライドから聴衆は何を学べるのか，大事な点は何なのかということです。スライドのタイトルには，基本的に次の2つのタイプがあります。

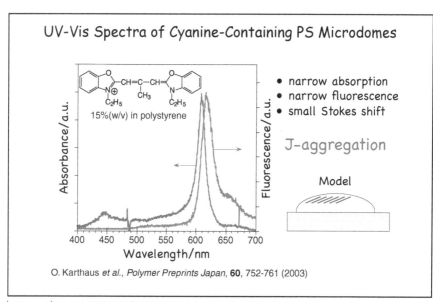

| 図09-1 | 用いた材料や実験方法をタイトルに設定した例

(1) タイトルに使った材料や実験手法を示し，セリフやまとめの中で重要な結果を説明する
"UV-Vis Spectra of Cyanine-Containing PS Microdomes"
　「シアニン含有PSミクロドームの紫外可視スペクトル」

(2) タイトルに結果を示し，実験データについては口頭で説明する（図09-2のスライド
　　の例では紫外・可視スペクトル）
"Cyanine Dyes form J-Aggregates in PS Microdomes"
　「シアニン色素はPSミクロドーム中においてJ会合体（STEP 10参照）を形成する」

　自然科学では1つめのタイプの方が一般的ですが，2つめのタイプは聴衆には親切です。というのもタイトルそのものがズバリ持ち帰りメッセージとなっているからです。ただし，伝えられるメッセージがそのタイトル1つだけになってしまう可能性が高いという短所もあります。

　上記の2つ以外に，次のようなより具体的なタイトルもあります。
"PVDF copolymer film thicknesses can be varied between 5~50 μm"
　「PVDF共重合体フィルムの厚さは5~50 μmの間で変更可能」

　なお，すべてのスライドで同様なスタイルのタイトルを使用してください。タイトルのスタイルが変わってしまうと，デザインを気にしていない，あるいは，過去に使用したスライドを修正せずにそのまま使っていると思われてしまいます。

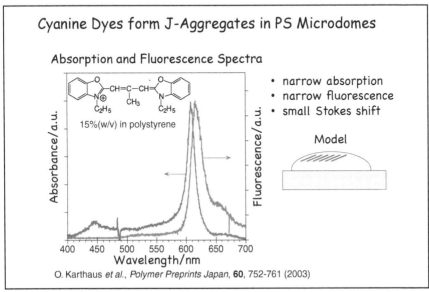

| 図09-2 | 結果をタイトルに設定した例
同じような内容のスライドでも，タイトルが異なるだけで聴衆が持ち帰るメッセージは異なってくる。

コラム

英語でのプレゼン

　他の国の言語でのプレゼンは，大きな試練の1つであると思います。ドイツ人である私も，ネイティブ・スピーカーではない以上，皆さんと同じ苦労をしてきました。

「え？　ドイツ語は英語とよく似ているじゃないですか。オラフ先生は日本人が英語でどれくらい困っているか絶対わからないですよ！」

と言うかもしれませんね。わかりますよ！　では，私の昔話を聞いてください。

　私が日本に来てから4年目のことです。東北大学工学部のポスドクとして過ごした来日後最初の20ヵ月は，英語だけ話せれば大丈夫でした。その後，助手として北海道大学電子科学研究所に移りましたが，そこでも日本語を話す必要はありませんでした。講義をすることはないうえ，学生たちはみな英語が上手だったからです。しばらくして，北海道大学で小規模のシンポジウムが行われた際，私は講演者の1人として選ばれました。そこには著名な日本人の教授が数名出席すると知っていたので，私は日本語でプレゼンしようと決心しました。日本語でプレゼンをする必要があったわけではありません。英語でプレゼンをしたとしても，誰も文句は言わなかったでしょう。でも，私は著名な教授の方々の心に深い印象を刻みつけたかったのです。私が日本で研究者となって暮らしていきたいと真剣に考えていることをわかってほしかったのです。また，私が日本に敬意を表し，適応するためにベストを尽くすような人間であると信じてほしかったのです。

　苦労話はいくらでも長くできますので省略しますが，当然ものすごく準備しました。原稿の準備だけでなく，漢字および日本語での科学用語を猛勉強しました。プレゼン前日の晩は，ほとんど眠れませんでした。生涯を振り返っても，あのときほど緊張したことはないと思います。それだけ勉強して暗記したはずだったにもかかわらず，緊張しすぎて，プレゼン内容をほぼ半分忘れてしまいました。日本語での表現が思い出せなかったときには英語を使ったため，日本語のプレゼンというより，カタカナ・プレゼンになってしまいました。

　発表後は落胆し，自分のプレゼンも，話せたはずの日本語を話せなかったことも，すべて最悪だと思いました。感想やコメントは欲しくありませんでした。というのも日本人はとても親切なので，正直に悪い感想・コメントをくれないと知っていたからです。しかし，この1回の特別な経験により氷の壁が壊れると，私は以前よりもっと日本語でプレゼンをしたいと思うようになりました。

　というわけで，私は皆さんが英語でのプレゼン前にどう感じるかも，終了後は落ち込むであろうことも本当によくわかります。それでいいんです，あなたが成長するために必要なステップなのですから。

発表を行うためには，口頭発表であればスライドを，ポスター発表であればポスターを準備しなくてはなりません。適切な文字の大きさや色使いといった基本的なことから，スライド・ポスター作成における姿勢をお伝えします。

テクニカル・スキル編❶

スライド・ポスター作成

スライドづくりの原則は 「シンプル・イズ・ベスト」

PowerPointやKeynoteといったプレゼン用のソフトには，過剰とも思えるほどたくさんの機能がついています。そのため，読者の皆さんはあれもこれもと何でも使いたくなる誘惑に駆られることでしょう！　特に初心者はたくさんの色，フォント，デザインなどをつい使ってしまいがちですが，これは間違いです。

スライドづくりの原則は，とにかくシンプルにすることです。聴衆がスライドをひと目見てすぐに理解できることがもっとも重要です。さらに聴衆の中には居眠りをしたり集中を切らして聞き逃したりする人もいることを前提に，それぞれのスライドにはあなたがすでに説明を済ませたことでも，関連のある重要な情報は入れておきましょう。

たとえば，あなたのプレゼンのテーマが『ポリマー液滴におけるシアニン色素のJ会合体*形成』についてであるとしましょう。あなたは使用した色素や，試料の調製方法などについてスライドを使いながら聴衆にうまく紹介します。その後，あなたが成し遂げた研究成果の1つである，J会合体がポリマー液滴の中で形成されたことを証明する吸収スペクトルと蛍光スペクトルを紹介します（STEP 9の図09–1，図09–2参照）。しかし，図10–1のようにそのスライドでスペクトルしか見せないとしたら，それは大きなミスです！

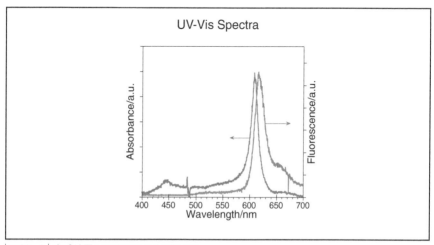

| 図10–1 | 実験結果を示すスライド：悪い例

スペクトルだけを示されても，聴衆は何のスペクトルなのかがわからない。

　プレゼンの準備で覚えておくべきもっとも重要なことは，聴衆はあなたが説明した細かいところまで完璧に理解しているわけではない，ということです。ポリマーとしてポリスチレンを使ったことを聞き逃すかもしれないですし，どんな色素を使ったのかすら覚えていない可能性もあります。その濃度なんてもってのほかでしょう。だからこそ，すべての重要な情報は再度示しておくべきなのです。

　さらにスライドにはひと目で内容がわかるタイトルを設定してください（STEP 9）。J会合体がどんな状態かを聴衆に思い出させるために簡単な模式図を描くのもよいでしょう。またおそらく聴衆には，ストークスシフトが小さく，幅の狭い吸収・蛍光ピークが色素がJ会合体を形成した証拠であると知らない人もいるでしょう。ですから，キーワード形式でこの情報を追加すべきです。

　最後に，この結果がすでに発表済みのものなら，興味を持った人が後でさらに詳しく調べることができるように引用文献を示しておくとよいでしょう。

---

*J会合体：J会合体（J-aggregate）は，色素自体と比較して，より長い波長で鋭い吸収帯をもつ色素の集合体で自己組織化によって形成されます。J会合体のJは，1936年に現象を発見したE. E. Jelleyに由来します。有名な例はカラー写真で使われるシアニン色素です。

スライドの背景色は適切に
——色が与える効果を知ろう

STEP 11

　スライドの背景色には3つの選択肢があります。単色の白（またはパステル色），単色の黒（または青色），そしてイラストや写真を使ったデザイン入りのものです。単色でも赤，緑，ピンクなどの背景は使いません。理由は明白で，こうした色は「騒々しい」だけでなく，文字や図式に使える色が限られてしまうからです。私は主に次の理由から白い背景を選びます。

- やはりシンプルが一番である。
- さまざまな色の文字やイラストにもっとも対応する。
- 聞く側が文字や図に集中できる。

　背景が黒や青のスライドはエレガントに見えるかもしれませんが，使える文字色が限られます。暗い色の背景を使うときには，文字やイラストに白と黄色，もしくは黄緑色や明るいオレンジ色を使えるかもしれませんが，白い背景にすると黒，青，赤，濃いオレンジ色，茶色，グレーを使うことができます。

　図や写真といったデザイン入りの背景は，極端に色使いが限られるだけでなく，使う色が背景の光度やコントラストに影響を受けてしまいます。私がデザイン入りの背景の使用を考えるようなケースは，付加的な情報を与えたいとき，またはアクセントを加えることで聴衆に特別なアピールをしたいときだけです。たとえば，もし飛行機の話をするとしたら飛行機の背景を，花粉の話だったら花粉の電子顕微鏡画像を使ってもよいでしょう。

	白	黒	デザイン入り
使えるテキスト・イラストの色	◎	○	△
明るい部屋との相性	◎	◎	○
暗い部屋との相性	◎	△	○
安心感	◎	◎	△
見た目	○	◎	◎
付加的な情報	×	×	◎

| 図11-1 | バックグラウンド色の評価

白はどんな状況においてもベスト。

白い背景は会場のいかなる照明状況にも対応します。非常に暗い部屋において，画面の白い背景は部屋を少し明るくしてくれるのに対し，暗い色の背景は暗い部屋をとことん暗くします。パステル色の注意点は，暗い部屋の場合，部屋全体がそのパステル色の色調になることです。薄い青色やグレーは問題ないですが，薄い黄色やピンクを使うときには気をつけてください！

The purpose of pollen grains is to transport DNA from anther to pistil.

The DNA needs to be protected from the environment, esp. UV light.

The outer shell of a pollen grain is made of a polymer called sporopollenin.

500× 20.0 μm WD:10.2mm 5kV

| 図11-2 | デザイン入りの背景

付加的な情報を与えられる一方で，聴衆の気を散らしてしまう。

コラム

背景に青色が使われている理由

背景に青色が使われているのには歴史的背景があります。スライド映写機が使われた時代，プレゼン用のスライドは手書きかタイプで打たれた紙の写真のネガを使用しました。写真のフィルムが薬品で現像されると，もともと白い部分は青に，黒い部分は白になり，「背景が青色」という状態が生まれたのです。

STEP 12 色使いとコントラストには注意しよう

　皆さんはプレゼン用ソフトにあるカラーホイール（色相環）をご存知でしょう。何万色もありますよね。基本的にはRGBあるいはCMYKの組み合わせで色は表示されます。黄色の周辺の色は暖色と呼ばれ，青色の周辺の色は寒色と呼ばれます。

　図12-2を見てもわかるように，カラーホイール上で向かい合う色どうしは，モノクロに変換した場合に良いコントラストになります（オレンジ色と水色の組み合わせを除く）。

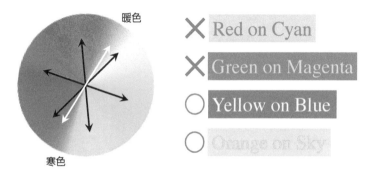

| 図12-1 | カラーホイール

最大コントラストとなるのはカラーホイール上で向かい合わせにある色どうしである。

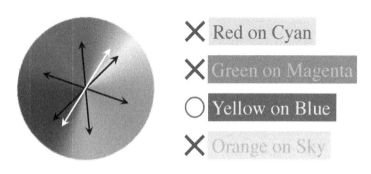

| 図12-2 | モノクロ変換したカラーホイール

モノクロで最大コントラストとなるのも同じく，カラーホイール上で向かい合わせにある色どうしである（オレンジと水色の組み合わせを除く）。

良いコントラスト＝高い視認性と思われがちですが，大部分の反対色の組み合わせは良い組み合わせではないのです！　これはたいへんおもしろいことです。図12-3を見るとわかるように，良い組み合わせは，暖色と寒色の中心どうしの組み合わせ（青と黄色），2つの寒色の組み合わせ（青と水色），および2つの暖色（赤と黄色）の組み合わせです。

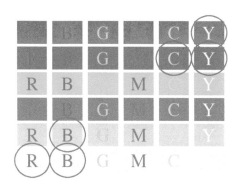

| 図12-3 | 見やすい色の組み合わせ

上の例では，30のうち6の組み合わせだけが見やすいといえる。

コラム

光と色の関係について

　光と色の関係について最初に体系的に研究した科学者は，ニュートンの法則で有名なアイザック・ニュートン（1643〜1727）です。白色光がプリズムで虹色に分けられるというすでに知られていた事実を彼は再調査し，虹色に分かれた光線を再びまとめると白色光となることを発見しました。光と色に関する研究の草分け的存在として，ほかにヨハン・ヴォルフガング・フォン・ゲーテ（1749〜1832）がいます。彼は今から200年以上前に，連続した虹色（青から赤）の隙間を虹色ではない「マゼンタ」で埋める「色相環」を発明しました。

　ジェームズ・クラーク・マクスウェル（1831〜1879）によって研究された，減法色スキーム（白色光からの1つの波長帯にフィルターをかける，または，ある波長帯をもつ光源を使う：液晶ディスプレイ，LEDなどで使用）における三原色は，赤，緑，青色です。これらを混ぜると，3つの二次色，シアン（青と緑を混ぜる），マゼンタ（青と赤を混ぜる），黄色（緑と赤を混ぜる）が得られます。

　おもしろいことに，加法色スキーム（塗料で白色光のある波長帯を吸収し残りの波長帯が反射：インクジェットプリンターで使用）では，原色はシアン，マゼンタ，黄色です。そして，その二次色は青（シアンとマゼンタを混ぜる），赤（マゼンタと黄色を混ぜる），緑（シアンと黄色を混ぜる）です。

1枚のスライドに使うのは3色まで

色使いについてもシンプル・イズ・ベストと言えます。強いコントラストではっきり見える色だけを使ってください。通常，1枚のスライドに使う色は3色だけにしておきましょう。

右ページはイントロ用のスライドの例です。アモルファス（非晶質）状態と結晶状態の有機発光材料の特性を比較しています。このスライドの項目は以下のとおりです。

- タイトル
- 副題（サブタイトル）
- 結晶質材料の長所
- 結晶質材料の短所
- 疑問点（次のスライドで答える）
- キーワードによるイラストの説明

図13-1のスライドは信じられないくらいきわめて色使いの悪い例ですが，私は実際のプレゼンでよく似た配色が使われているのを見たことがあります！　スライド上の違う部分を区別しようと，発表者はそれぞれの項目に別々の色を使ってしまいました（黒，青，黄色，緑，シアン，マゼンタの7色）。その色の大部分はコントラストが弱く，特に黄色はスクリーンではほとんど見ることができません。おもしろいことに，印刷物での黄色は許容範囲であったり，個人のパソコン画面では見やすいこともあります。

私のルールを適用するなら，1枚のスライドに使う色は3色だけにしてください。このようにして改善したのが図13-2のスライドです。タイトルには青，副題には赤，利点と欠点には黒を使いました。そして，重要な疑問点には赤を再度使っています。4色目としてイラストに緑も使っていますが，それはかまわないでしょう。

上のスライドにある文字としての見にくい緑と，下のスライドにあるイラストの見やすい緑の違いを見てください。もしかすると，こんな反論があるかもしれませんね。

「長所と短所を区別するために，異なる色を使うべきなのでは？」

しかし，長所と短所に違う色を用いて3色だけで仕上げるのはまず不可能です。長所と短所は異なるグループであることがわかるように示されるべきというあなたの考えは正しいですが，文字色を変える以外に別の表現方法があります。これについては後で説明します。

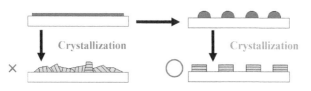

見えない文字があるだけでなく，目がチカチカする。

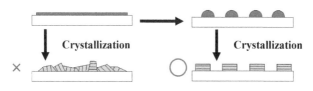

文字の見やすさは，文字が見にくい上のスライドと比べて一目瞭然である。

STEP 14 はっきりした色を使おう

　講演をするときには，数十人の聴衆のうちの1人くらいは色覚異常（色覚障害，色弱）の方がいると考えておいたほうがよいでしょう。色覚異常とは，ある色を認識する能力や2つの色を識別する能力を欠いていることです。

　そのため，スライドの配色は，赤／青もしくは黄／青の組み合わせがほぼ安全であると心に留めておくとよいでしょう。緑は人を落ち着かせる自然な色，赤は人を興奮させる色であるために，赤と緑の2色を配色の基本に使う人が多いですが，緑の代わりに青を使ったほうが効果的な色分けになります。STEP 12で述べたコントラストの点からも，緑より青のほうがよいでしょう。黒，青，黄，赤だけでは色が足りず，それ以外の色が必要だという場合は，新たな色を使うよりも線や図形といった別のデザインを用いたほうが安全です。たとえば実線だけでなく点線を使うのもよいですし，グラフのデータ点であれば，円だけでなく四角や三角も使ってみてください。

　なお，女性より男性のほうが色覚異常になりやすいです。それは，色覚異常のもっとも一般的な型がX染色体にある遺伝子によって引き起こされるためです。もっとも割合

コラム

色覚異常

　色覚異常のもっとも一般的な原因は，遺伝的に網膜の色覚細胞3種類（光の短波長，中波長，長波長を認識）の1つまたは複数が機能しないことです。色覚異常には主に3種類あります。下のスペクトルは色の見え方を表しています。

　1型色覚異常：赤の識別に異常がある。
　2型色覚異常：緑の識別に異常がある。
　3型色覚異常：青の識別に異常がある。

正常	
1型	
2型	
3型	

が高いのは赤と緑を見分けられない色覚異常です。先天性の色覚異常を持つ人は，日本では男性が約5％，女性が約0.2％の割合です。ヨーロッパでは，男性が10％，女性が0.5％と日本よりも高いですから，欧米でプレゼンをする際には，特に配慮してください。

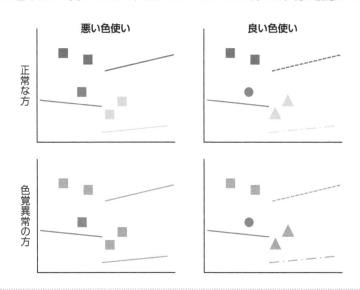

| 図14-1 | 赤と緑を見分けられない色覚異常の方でも識別しやすいグラフ

フォントはとにかく
見やすいものを使おう

　言うまでもなく，スライドに示した情報はすべて見やすくしなくてはなりません。見にくいものは絶対に載せないでください！　私は過去に何度もフォントサイズが小さすぎて何も見えないグラフやスケールバーに遭遇しました。

　加えて，発表者の「見づらいかもしれませんが，ここには…」というセリフを何度も聞いたことがあります。ちょっと待ってください！　そもそも見えにくいものは載せないで！　見せたいならば見える工夫をしてください！　写真であればコントラストを強めたり，明るさを調節したりしてください。文字であればフォントサイズを大きくしてください。

　経験則ですが，対角線が2 mのスクリーンを10 mの距離から見る場合，24ポイント（pt）のフォントサイズならばはっきりと読めるでしょう。これは最小でも24ポイントを使うという意味です。デザインのために32ポイントから最大48ポイントまで使って結構です。私はスライドのタイトルを36ポイントにしています。

　フォントの選択においても，これまたシンプル・イズ・ベストが鉄則です！　基本的なフォントは，セリフとサンセリフの2つです。セリフ（serif）とは，文字の終わりの小さなヒゲ飾りのこと。サン（Sans）はフランス語で「なし」を表します。本や長文の印刷物では多くの場合，セリフのフォントが使われますが，PC，スクリーンでの読みやすさはサンセリフのフォントのほうがよいと言われています。

　プロジェクターの品質（ピクセル）が向上し，小さなセリフのフォントも問題なく映し出されるようになってきていますので，セリフとサンセリフ，どちらのフォントもプレゼンに使うことができますが，どんなフォントであれ線の太いフォントを使ってください（たとえば，Baskerville（Mac専用）でなくPalatino（Mac専用），ArialでなくGeneva（Mac専用）といった具合です）。

　私は個人的には若干遊び心のある，サンセリフのフォントChalkboard（Mac専用）やComic Sans MSを好んで使います。科学者の中にはふざけている，と非常に激しく反対する人もいますが，私はささやかな遊び心が好きなのです。ただ，さらに1歩進んだ図15-2右上のようなフォントになるとさすがにふざけすぎだと私も思います。

　ちなみに，大文字でキーワードや文章を書かないでくださいね。読みにくいですから。

Font size 18: 小さすぎる

Font size 24: 2㍍のスクリーン，10㍍の距離

Font size 32: 良いサイズ

Font size 48: 大ホール

Font size 72: 大きすぎ

| 図15-1 | 文字の大きさの例

Serif fonts: Times, Baskerville, and Palatino

Sans serif fonts: Arial, **Beirut**, Geneva

'Soft' fonts: Chalkboard, Comic Sans MS

Artistic fonts are too playful and too difficult to read
→ さすがにふざけすぎ

ALL CAPS IS DIFFICULT TO READ, TOO
→ すべて大文字だと見にくい

| 図15-2 | 英文フォントの例

コラム

スライド上の文字のサイズを確認する方法

　あなたが目の前に腕を伸ばし，親指を天井に向けたとき（「いいね！」サインのように）の親指の長さが，およそ10ｍの距離から見たときの1ｍです！あなたの親指がスクリーンの角から中心までの長さに等しいならば，そのスクリーンの対角線は2ｍです。このことは，自分のPCの画面を使って試すことができます。24ポイントで何らかの文字を書いて，あなたの伸ばした親指がPCの画面の角から中心までの長さに等しくなるまでPCの画面から離れてみてください。これが，あなたのスライドが2ｍのスクリーンに投影されたときに，10ｍの距離から見える状態です。

　すべての講義室が奥行き10ｍ，スクリーンの大きさが2ｍというわけではありません。部屋がもっと大きく，スクリーンがもっと小さいこともありますし，逆に非常に大きな講義室，非常に大きなスクリーンということもあります。ですから，プレゼン用のスライドには，小さなスクリーン用と大きなスクリーン用の2つのバージョンを用意しておくのがベストです。それでも，スクリーンと部屋の大きさについての情報を得るために，プレゼンの前には時間の余裕を持ってあらかじめ講義室に行って確認してください。

スライドには文章を載せないようにしよう

　スライドに載せる文字情報はキーワード形式とし，文章形式にしてはいけません。なぜかと言うと，文章はスペースを使いすぎるからです。また，プレゼンの間，あなたがきちんと文章で話すので，スライドに同じ文章を示す必要はありません。

　「スライドに文章があれば言いたいことを忘れずに済むじゃないですか」「発表中はとても緊張してしまうので，キーワードだけだと不安です」などと言われる方もいるかもしれませんが，それは問題です。あなたがスライドに載せた文章をただ読みあげてしまったら，聴衆は次のような想像をするでしょう。

- この人は緊張して自分の話を忘れるタイプなのだろう。
- この人は英語が苦手なのだろう。
- この人は発表に自信がないのだろう。

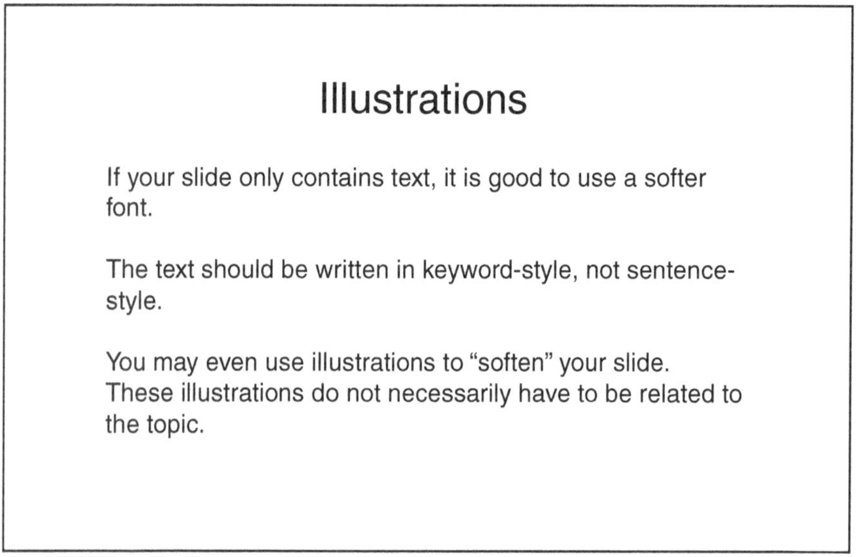

Illustrations

If your slide only contains text, it is good to use a softer font.

The text should be written in keyword-style, not sentence-style.

You may even use illustrations to "soften" your slide.
These illustrations do not necessarily have to be related to the topic.

図16−1　**文章形式のスライドの例**

　極端に言うならこうです。自分の話したいことをすべてスライドに文章で書いている発表者を想像してみてください。その人は発表中ひと言も話さずにただ黙っていて，聴衆がスライドの文章をきちんと読めるように，適当なタイミングでスライドをめくっていく。こんなプレゼンはまったくもって無意味ではないでしょうか。ついでながら，"audience"（聴衆）という語は「聞くこと」を意味する"audire"というラテン語が語源であることからもわかるように，聴衆には発表を読ませるのではなく，聞かせないといけないのです。

　キーワード形式とすればスペースを有効利用できますし，キーワードだけでも聴衆にはあなたが話している内容に関する情報を十分に与えることができます。

　補足ですが，文章のみのスライドをどうしてもつくりたい場合は，スライドに説得力をさらに持たせるという目的でイラストを加えてみるとよいかもしれません。同じ内容を表す2枚のスライドを見比べてみましょう。1つめは文章形式，2つめはキーワード形式です。図16−1のスライドは淡々と文章のみで説明しているのに対し，図16−2のスライドは，ポイントをキーワードで強調し，さらにイラストを加えたことで，より躍動的に見えます。

Illustrations

- Text-only slides: softer font

- Keyword-style, no sentences

- Illustrations to "soften" slide

- Even unrelated will do

www.abc.com/illust/franklin.jpg

| 図16−2 | **キーワード形式のスライドの例**

右の写真はスライドの内容と無関係であるが，躍動的に見える。

フレームは正しく使おう

　フレームを使う場合は，明確な目的を持って使用しましょう。たとえば，「スライドの内容を際立たせるため」あるいは「1つのスライドの情報をグループ分けするため」などです。もしすべてのスライドに同じフレームを使い続けてしまったりすると，もはやそのフレームには意味がありません。

　またフレームを使う場合，その分スペースを使うので文字のサイズを小さくする必要が出てきます。下のように，同じスペースにフレームを設けたことで，フレームなしの文字サイズと比べ，かなり小さくなりました。たとえば，32ポイントの文字を24ポイントまで下げることになった，という具合です。

Text without Frame　　Text with Frame

　1つのフレームに入れてよい項目は，文字かイラスト，または1つの文字＋イラストの組でしょう。フレームに使える色は，赤，青，黄のような強い背景色やパステル色だけではありません。背景を無色にして黒，緑，赤，青などのくっきりした外枠を付けることもできます。たとえば，STEP 13のスライドにフレームを導入する場合，右ページのように結晶の長所と短所というキーワードをグループ化するのに使うことが考えられます。冒頭で，フレームはいくつかの項目を際立たせるのに使うべきとお話ししましたが，ここでは第二のグループである短所には1つの項目だけしかありません。しかし，第一のグループである長所と平等な取り扱いをするという原則上，1つしかない項目でも同じフレームが必要となります。

　図17-1から青や赤の背景色付きのフレームを使った場合は，文字色は白がよいとわかります。黒だとほとんど見えませんよね。しかし，たとえ文字色を白にしたとしても，背景色付きのフレームにはかなり重厚感があり，スライドを支配してしまうので，このフレームの使い方は最適とは言えません。スライドの下にあるイラストは本来受けるべき注目を受けられません。このような場合，図17-2のスライドのように背景色は無色にしてフレームだけを青と赤にすればデザインが良くなります。

　さらに注意してほしいのは，青のフレームと赤のフレームの幅をそろえることです。片方の文字の幅が短いときには長いほうに合わせればよいのです。フレームの幅が同じだとスライドは均整がとれて見えます。

+ Increased charge mobility
Decreased diffusion of oxygen (less damage during operation)
Polarized emission
Long time stability due to lack of amorphous->crystal transition

- Electron or hole traps at grain boundaries

+ Increased charge mobility
Decreased diffusion of oxygen (less damage during operation)
Polarized emission
Long time stability due to lack of amorphous->crystal transition

- Electron or hole traps at grain boundaries

| 図17-1 | **フレームの使い方が悪い例**

背景色付きのフレームにはかなり重厚感があり，スライドを支配してしまう。

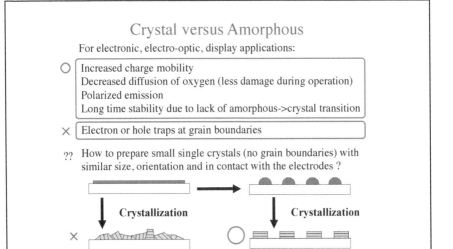

| 図17-2 | **フレームの使い方が良い例**

上の図と比べると，フレームを付けただけのほうが，文字が断然見やすいことがわかる。さらに，青と赤のフレームの大きさが揃っており，より均整がとれて見える。

STEP 18 アニメーションや動画を使うときには注意しよう

STEP 10でも言いましたが，PowerPointやKeynoteといったプレゼン用のソフトにはたくさんの機能がついています。そのうち，特に使い方に注意が必要で，初心者が誤って使いがちな機能に，アニメーション効果があります。スライドのデザインにおける原則が「シンプル・イズ・ベスト」であるのと同様に，目的にそぐわないものは使わないというのがプレゼンそのものにおける原則です。

スライドの切り替えにおいてアニメーション効果を使うと，プレゼンにちょっとしたアクセントを加えられるのは事実ですが，アニメーション効果を使わないときと比べて1秒〜3秒ほど余計な時間がかかります。たいした時間ではないと思うかもしれませんが，このぶんだけ実質的な発表時間が減り，さらに発表後のディスカッション・タイムにおいてスライドを探しているときのアニメーション効果は質問者や聴衆をイラつかせることになりかねません。次のスライドに移り変わるまで，アニメーション効果をじっと待ち続ける時間は実に煩わしいものです。

そのほかによく使われるアニメーション効果として，真っ白もしくはほぼ真っ白のスライドを最初に出してから，マウスをクリックして次々に情報を追加していくという手法があります。情報を少しずつ小出しにしてサプライズ効果を演出したり，あなたが今まさに話しているそのポイントに聴衆を惹きつけたりすることができます。また，この手法を使えば，一度に見せられると混乱する大量のグラフや画像などのデータを1枚ずつ示していくことができます。

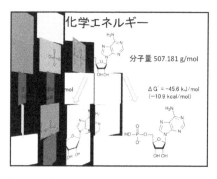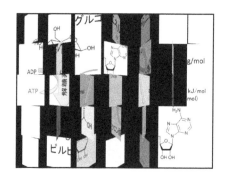

|図18-1| アニメーション効果の例

プレゼンにアクセントを与えられるが，余計な時間がかかり，ディスカッション・タイムにおいては，聴衆をイラつかせる可能性がある。

　ただしこの手法を使った場合も，先ほどと同じくディスカッション・タイムで該当するスライドにたどり着くのに苦労する可能性があります。なお，PowerPointやKeynoteでは，1枚1枚スライドをめくっていかなくても，「スライド番号＋Enterキー」で目的のスライド番号のスライドへ移動することができますので，スライド番号とその内容をまとめたリストを準備しておくとよいでしょう。

　一方，動画の埋め込みもプレゼンには強力なツールです。しかし，使用の際には次のような注意すべき点もあります。

⑴ 動画は全体のプレゼン時間のうち，5〜20％くらいの時間に抑える

20％以上になると，プレゼンをするのはあなたではなく動画になってしまいます。ですから，動画の時間は必ず事前に計っておきましょう。長いビデオの一部を手動で早送りするのはよくありません。あなたのプレゼン時間にピッタリ合うよう，動画を編集しておく必要があります。動画編集ソフトはたくさんあり，インターネットから無料でダウンロードできるものもあります。

⑵ PCの不具合に注意する

主催者側が準備したPCへプレゼン用のデータを移動して発表を行う場合は，パソコンの不具合により動画が再生されない可能性があるので注意が必要です。プレゼンの前によくチェックしてください。問題を防ぐ安全な方法の1つは，プレゼン用のソフトにあなたの動画を埋め込むのではなく，別のビデオ・プレーヤーアプリケーションを使用して動画を再生することです。この場合は，プレゼン用のソフトを止めて動画を再生し終えた後，スライドに戻ってきてプレゼンを再開するというように確実に移行してください。

⑶ 音声付き動画の場合は音声が流れるかどうかを十分にチェックする

音声が発表会場の音響装置できちんと流れない場合があるので，チェックしてください。最終手段はあなたのマイクをPCのスピーカー部分にあてることですが，この方法はあまり頼りにはならず，音が聞き取れない場合があります。

　以上のようなことを頭に入れて適切に利用すれば，アニメーション効果も動画や音声も，あなたのプレゼンの質を向上させてくれるでしょう。

STEP 19 写真の長所と短所を心得よう

　文字だけのスライドは退屈になりがちです（STEP 16）。幾何学的な情報をプラスしてより聴衆の興味を惹くものに仕上げましょう。幾何学的な情報として，具体的にはイラスト，グラフ，写真が使えます。そのうち，写真には次の2つの長所があります。

　第一の長所は，現実感を与えられることです。あなたが実験に使用している装置の写真を実際に紹介できます！　実験系が特殊な場合は，なおさらです。

　第二の長所は，イラストの作成に比べて写真撮影は時間がかからないことです。ただし，写真の場合，コントラストと明るさに気をつけなくてはなりません。あなたが見せたいものがきちんと見えているかどうか，前もってプロジェクターとスクリーンを使ってチェックしてください。

　写真を示す場合は，自分のプレゼンにとって意味がある部分だけを見せるということは言うまでもありません。たくさんの付属品やケーブル，制御機器が付いた複雑な実験装置は，見せても仕方ありません。専門家は装置を見なくても理解するでしょうし，専門家以外の聴衆にはただ「装置が高そう！」という印象だけを残すことになるでしょう。

　写真の一番の危険性は，あなたが見られたくないものが見えてしまう可能性があることです。たとえば，図19-2①の写真のようにあなたがしている話とは関係のない，研究室にある器材が映っていることがよくありますが，ケーブルや箱，机の上に散乱したものは，ただ聴衆の気を散らすだけです。②，③の写真はこれよりはるかに優れています。この装置の重要な部分だけに的を絞っています。さらにピペットを加えることにより，見る側は液体がこの実験で使われることがすぐわかります。実は，③の写真では2枚の写真が重なっていますが，上に重ねた写真は，下の写真の背景にある顕微鏡を隠しています！

| 図19-1 | **悪い写真の例**

写真の中央にケーブルがあり，右上には不要なサンプル瓶が置いてある。

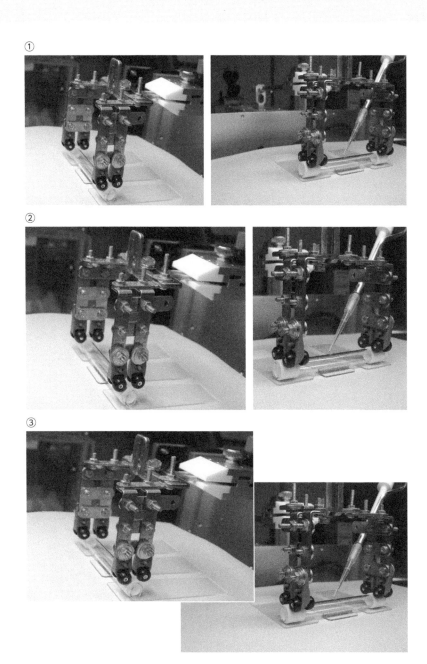

| 図19-2 | **良い写真の例**

①では別方向から撮影した写真を2つ横並びにしているが，そのためにそれぞれの写真が小さくなってしまっている。②は右側の写真の余分な部分（実験とは関係のない写真の奥にある顕微鏡）をトリミングすることで，それぞれの写真を大きく示すことができている。③では②と同様，余分な部分を隠すために2つの写真を重ねているが，②よりダイナミックな印象を受ける。

写真の配置は効果的に

STEP
20

　あなたが他人のスライドを見るときには，見せられているものをただ見ているわけではなく，自分の知識と経験に基づいてスライドの内容を頭の中でつなぎ合わせ，自分自身でそのスライドの結論を導き出しているはずです。人間の脳は，莫大な視覚情報を並列処理できる装置です。私は自転車に乗っているときに何度か，道に落ちていた大きな黒いゴムホースを蛇と見間違えました。まさに，無意識のうちに一瞬でゴムホースの形を蛇とつなぎ合わせたのです（笑）。

　実は，STEP 19の図19-2の写真にあったピペットの使い方は，見る側がただ見ている以上にうまく情報を処理している一例です。実験の最中，写真のとおりの位置にピペットがあったとしたら，そのピペットは動いている金属アームの邪魔になるでしょうが，見る側はこのことを見落とし，ピペットをただ液体が使われるというサインとして見ています。

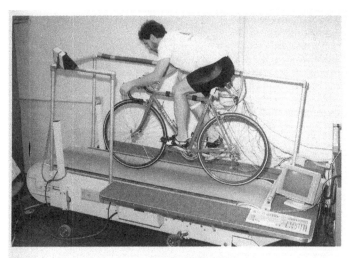

Figure 2.2
Treadmill bicycle ergometer. (Courtesy Maury Hull, University of California.)

| 図20-1 | **目的達成のために撮影された「不自然な」写真の例**

写真の右下にあるディスプレイ・キーボードは明らかに不自然な場所に置かれているが，計測データがデジタル処理されていることを示すためにあえて置いてある。
[D.G. Wilson, *Bicycling Science*, MIT Press (2004) より転載]

　非現実的もしくは非合理的である配置でアイテムが並べられている写真もあります。図20-1の写真はよくよく考えてみると不自然で，とてもおかしいでしょう。こんな低い位置にパソコンのキーボードとディスプレイを置くはずがありません。これでは自転車に乗っている人はルームランナーから降りるとき，キーボードを踏まないように，台からディスプレイを落とさないように注意しなくてはなりません。しかし，たいてい見る側は，目で見えている実際の写真を脳で処理し，理解した段階へとすぐに達するので，そんなことは認識しそびれるのです。

　この写真を撮影したカリフォルニア大学のHull教授によりますと，「この写真撮影の目的は関係のある対象物をできるだけ大きくすること」とのことでした。広範囲に写せばコンピュータを含む写真も撮影できたでしょうが，「自転車に乗った人がルームランナー上にいる」という重要な事項が小さくなってしまいます。この写真のように，ルームランナー上にディスプレイとキーボードを配置することで，もっとも重要な対象を小さくすることなしに，測定データはデジタル処理されていることを伝えることができたのです。

模式図・イラストは正しく使おう

STEP 19で写真には長所と短所があることを説明しましたが，模式図やイラストにも長所と短所があります。通常，素人が模式図やイラストを作ろうとするとそれなりに時間がかかります。三次元的な図を描けるソフトは無料のものも含めて多数ありますが，良いものになればお金がかかり，使い方を習得するまでに時間を要します。いつものことながら，シンプル・イズ・ベストが原則です。聴衆に理解してもらうために必要な実験方法（装置・実験系）や結果だけを紹介するという目的から適切なソフトを選択しましょう。

模式図の長所はたくさんあります。
- 聴衆を混乱させるような部分や重要ではない細かい部分を削除することができる。
- 自在に強弱をつけることができるので，写真では小さすぎて見えない重要な部分を大きくして強調することができる。
- キーワード型の説明や矢印を追加できる。

図21-1はSTEP 19の図19-2の写真と同じ装置の模式図です。この模式図がSTEP 19の写真に勝っている点として以下のようなことがあげられます。
- 装置のそれぞれの部分が何であるのかを示すことができる。
- ローラー（Glass roller）の動く方向を矢印で示すことができる。
- 試料である高分子の溶液を思いどおりに色付けできる。
- 重要な生成物である「デュウェッティド・フィルム(dewetted film, STEP 27参照)」は実際には小さいが，大きく示すことができる。（実寸であれば，溶液はおよそ0.5 mmの厚み，デュウェッティド・フィルムは5〜10 nmの厚みなので，写真では識別できない。）

図21-2はSTEP 20の図20-1の写真と同じ装置の模式図です。図21-1と同じく，それぞれの部品が何であるのかを示すことができますが，実験の概要だけを知りたい人にとっては，STEP 20の写真のほうがわかりやすいでしょう。一方で，同様な実験を行いたい人にとっては，この模式図のほうが役に立つと思います。このように，時と場合に応じて，写真と模式図を選択することも必要です。

わかりやすい模式図にするには，STEP 13と14で説明した色の法則に従ってください。くれぐれも変わったパターンは使わないように。低解像度のプロジェクターを使ったときにぼやけることが多々あります。

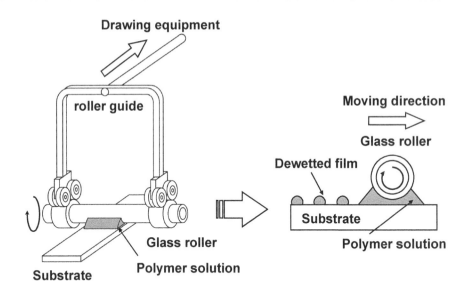

| 図21-1 | 図19-2の写真を模式図にしたもの

写真のように装置を直接的にイメージすることはできないが，重要な部分を抜粋したり，それぞれの部分が何であるのかを指し示したりできるために，何を行っているのかは写真よりも聴衆に伝わりやすい。

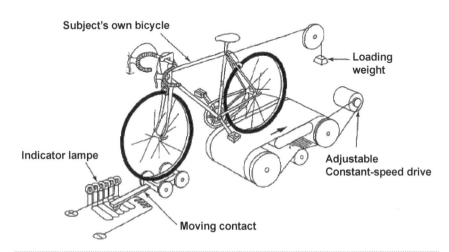

| 図21-2 | 図20-1の写真を模式図にしたもの

図20-1の写真のように視覚的な情報を直接伝えることはできないが，実験装置におけるそれぞれの部分を詳細に説明することができる。

文字と図版はバランスよく配置しよう

　　スライドは単に情報を伝えるためのものではなく，ストーリーを語るためのものでもあります。その意味では，芸術作品である絵画とも共通する点があります。聴衆の目はあなたが話をしている間，美術館の絵を見るようにスライドの細部まで目配りしているのです。ですので，あなたが聴衆に注目してほしいポイントに必ず目が行くようにスライドを構成してください。絵画にはバランスも大事です。

　　STEP 17でもお話ししましたが，図22-1の右上のスライドにある黒の文字は読みにくいです。左上のスライドのように文字を白にすると見やすくなりますが，バランスが良くありません。文字に強い色の背景を付けると人目を惹くため，下にあるイラストは目立たなくなり，ほとんど注目されず，せっかくのイラストを潰してしまいかねません。また，強い色は重く受け止められますので，スライドはある意味で不安定になります。

　　スライドのバランスを良くするために，真ん中の図のように，濃い赤と青の代わりにパステル色を使用して，下にあるイラストと同じ重みにすることも可能です。しかし，

部屋の明るさやプロジェクターの明るさによってパステル色はうまく映らない場合があるため，パステル色は使わないほうが無難です。

　一番良いデザインは，下側のスライドのような背景色のないフレームです。この場合には，フレーム内の文字がきれいに見えるうえに，下にあるイラストも目立ちます。フレームの幅は自分の好みで決めてください。右下のように文字の行の長さでフレームを作ることもできますが，左下のように青のフレームの幅と赤のフレームの幅を合わせたほうが均整はとれて見えるので，こちらがお薦めです。

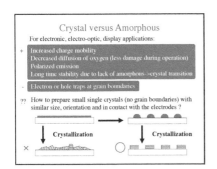
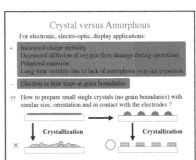

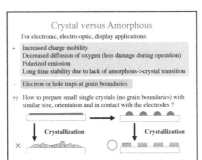

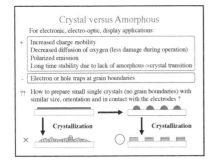
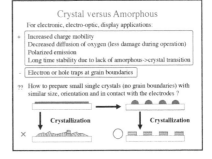

| 図22-1 | **フレームのパターンや文字の色のさまざまな組み合わせ**

下側の2つがもっとも文字が見やすく，下にあるイラストにも目が行きやすい。下側2つの比較では，左側のほうがフレームの幅が揃っているために，均整がとれて見える。

STEP 23 アピール力アップのために黄金比を使おう

　「シンプル・イズ・ベスト」がスライドづくりにおけるもっとも重要なルールだと言いましたが，2番目に重要なのは「アピール力アップ」です。アピール力アップのための1つの手段は黄金比を使うことです。黄金比とは次の関係にあるAとB，2つの長さの比率のことです。

$$\frac{A}{B} = \frac{A+B}{A} = 1.62$$

　黄金比について最初に研究したのは，かの有名な数学者ユークリッドです。ユークリッドは，正五角形や黄金の長方形などの幾何学的な物体で黄金比の性質について研究しました。黄金比は，たとえば，植物の葉や種におけるらせん状の配置など，自然界でもよく見られ，2011年のノーベル化学賞の受賞対象となった準結晶（quasicrystal）の発見さえも促しました。

　多くの素晴らしい芸術作品には，黄金比が用いられています。偉大な画家は，その絵の重要部分を置くキャンバス上の場所を決めるために，この黄金比を使いました。たとえば，エドヴァルド・ムンクの絵画『叫び』の口は黄金比で絵を分ける線に近いところにあります。これらの線はまた，その絵のアイテムの境界線にもなります。

　黄金比をスライドのデザインに適用することは可能かと問われれば，答えはもちろんYesです！　まず，右ページの写真・スライドのように，黄金比に対応する水平線と垂直線を引いてスライドを9つの部分に分割してみましょう。その垂直線および水平線を黄金線，垂直線と水平線の交点を黄金点と呼びます。スライドのデザインに黄金比を適用する際の原則は2つあります。1つは，あなたのスライドにおける重要な部分を黄金点に置くことです。もう1つは，スライドにおける重要なアイテムは，黄金線で9つに分割したそれぞれの部分に1つだけとすることです。

　葛飾北斎の『神奈川沖浪裏』において，激しい波濤と背景の富士山は，黄金線および黄金点に近いと分析されています。この絵の中で，左上の部分は跳ねあがる波頂を含み，中心部分は波の王冠を含みます。おもしろいことに，右上の何もない部分のように，スペースに「場所を占めさせる」こともできます。他の多くの有名作品でもそうですが，黄金点に置かれたアイテムは，美しく見えます。

　この例からわかるように，重要なアイテムを黄金点の近くに置く，また黄金線で分けた9つのそれぞれの場所で示すのは1つの項目にするというのが，デザインの際のルールの1つです。

| 図23-1 | 葛飾北斎の『神奈川沖浪裏』における黄金線と黄金点

激しい波濤と背景の富士山は，黄金線および黄金点に近い。左上の部分は跳ねあがる波頂を含み，中心部分は波の王冠を含む。右上の部分には何もないが，スペースに「場所を占めさせる」こともできる。

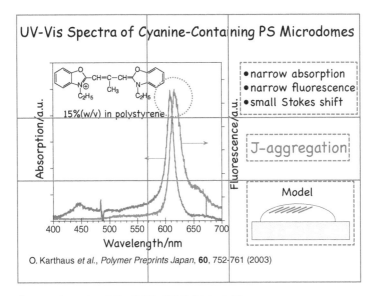

| 図23-2 | スライドにおける項目の配置に黄金比を用いた例

重要なアイテムを黄金点の近くに，また黄金線で分けた9つのそれぞれの場所で示すのは1つの項目にする。

STEP 24　スライドには あらゆる情報を載せよう

　たいていの人は，人前で話すときに緊張します。聴衆の前でのプレゼンの最中に重要な情報を言い忘れるといった失敗が恐いというのが理由の１つと考えられます。したがって，スライドにはあなたが言いたいすべての情報を必ず入れてください。

　とはいえスライドに文章形式ですべて入れてしまったら，グラフや模式図などを置くスペースがなくなるのは言うまでもありません。STEP 16でも，文章形式の使用について警告をしました。文章形式よりもキーワード形式のほうが，話すべき情報をあなたに思い出させる効果が優れています。

　また，あなたが先に話していて，聴衆に忘れてほしくないものを思い出させる働きをするアイテムをスライドに入れてもよいでしょう。図24-1下側のスライドには，この実験で使っていた化合物の化学式があります。

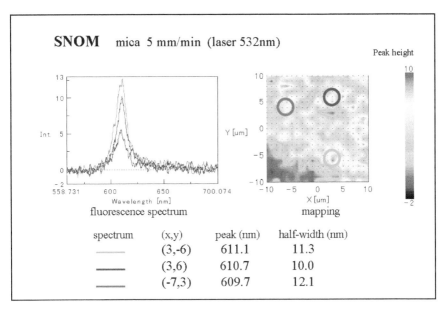

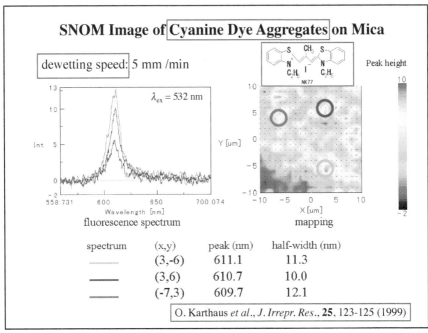

O. Karthaus *et al.*, *J. Irrepr. Res.*, **25**, 123-125 (1999)

|図24-1| キーワードの少ないスライドと多いスライドの例

上側のスライドと下側のスライドは同じ内容を伝えるためのスライドであるが，下側のスライドにおいて赤四角で囲んだような情報が上側のスライドには載っていない。下側のスライドのほうが，聴衆にとって得られる情報が多いだけでなく，発表者にとっても伝えるべき内容の言い忘れ防止に役立つ。

ポスターの基本事項を押さえておこう

STEP 25

　ほとんどの学会では，ポスターのサイズと向きが指定されます。"landscape"（風景画型＝横型）は幅が高さより大きいポスターを意味し，"portrait"（肖像画型＝縦型）はその逆です。Landscape型は場所をとるため，ほとんどの場合，portrait型のポスターが採用されます。なお，海外での発表の場合は，ポスターのサイズがinchで指定されている場合もありますので注意してください。

　ポスターは，プレゼンにおいてPowerPointファイルをただ印刷して展示したものであってはいけません。口頭発表を自転車旅行の体験談に例えるならば，ポスターはその旅の地図にあたります。

　ポスター上の個々のテーマやそれぞれのデータは，テーマごとにフレームで囲むか，線を引くなどして，図25−1のようにはっきりと分けなくてはいけません。通常，人はポスターの左上から読み始めて右下へと進んでいきます。項目の配置は，縦並び，横並びどちらも可能ですし，どちらが良いという規則もありませんが，私は縦型ポスターでは横並び，横型ポスターでは縦並びとします。

Portrait Poster

logo mark	**Title** Authors, Affiliation	logo mark
Introduction	Topic 1	
Topic 2	Topic 3	
Topic 4	Topic 5	
Topic 6	Summary	

Landscape Poster

logo mark	**Title** Authors, Affiliation		logo mark
Introduction	Topic 2	Topic 4	Topic 6
Topic 1	Topic 3	Topic 5	Summary

｜図25−1｜ **縦型（portrait）と横型（landscape）のポスターにおけるレイアウトの例**

　図25-2のポスターのように，型にはまらないデザインにすることもできます。ここでは，データは電子顕微鏡画像だけですので文章はほとんど必要ありません。そのため，画像をフレームで囲み，イントロ，実験方法，まとめをその上下に配置するという方法を選択しました。

　ポスターにおけるフォントサイズは，2 mの距離からでも楽に読める28ポイント以上にしてください。重要ではない部分や用いた材料・化合物の名前などは，28ポイントより小さくても大丈夫です。

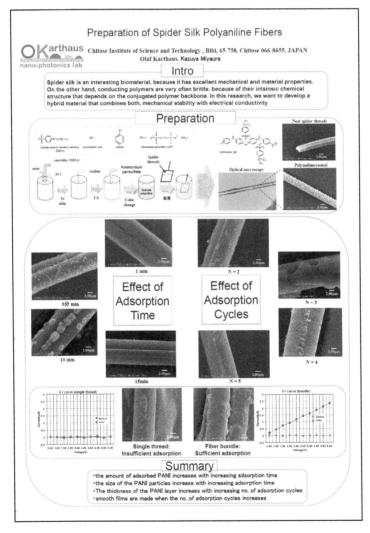

型にはまらないデザインのポスターの例

ポスター発表では
小物を準備しよう

　ポスター発表には口頭発表よりも勝っている点がいくつもあります。まず明らかなのは，プレゼン時間が口頭発表より長いことです。中・小規模の国際学会では，学会期間中ずっとポスターが展示されていることさえあります。さらに参加者の交流のために，軽食とドリンク付きのイブニング・セッションをポスター・セッションと組み合わせている学会もあります。

　あなたの研究に関心を抱いてくれた学会の参加者と交流するために，ポスター以外に情報を載せた媒体や小物を使用することもできます。次のような準備をしておくとよいでしょう。

- ポスターをA4サイズにコピーしたもの。ポスターの脇に袋に入れて置いておく（学会規模にもよるが，10〜100枚程度）。
- あなたの最近の発表論文を印刷したもの。袋に入れて置いておく。
- 動画や追加情報を紹介できるタブレット型PCを用意しておく。
- あなたの研究における実際のサンプルを用意しておく（ナノセルロースのシートや有機トランジスタによる柔軟なシートなど）。
- 将来，連絡を取り合えるように，参加者から受け取った名刺を入れるケースを置いておく。
- ポスターの内容に関心を抱いた参加者があなたに質問をしたいときに，あなたを参加者の中から見つけやすくするために，ポスター上にあなたの写真を入れておく。

ポスターの内容を10秒で アピールできるようにしておこう

10秒という短い時間でもできることはたくさんあります。通常のポスター・セッションでは非常に多くのポスターが展示されるので，仮にある参加者がすべてのポスターを見ようとすると，1つのポスターに割ける時間はかなり限られます。そのため，たいていの参加者はポスター・セッションを回るとき，各々のポスターの閲覧に3秒も費やしていません。たいていはタイトルともっとも目に入ってくる情報から判断して，関心がなければ次のポスターへ移動します。

このことを考えれば，発表者としては次の3つの心得が必要です。

⑴ あなたがそのポスターの発表者であることをはっきりわからせる
たくさんの人がポスターの近くに立っていると，発表者が参加者に見えてしまい，発表者が誰なのかまったくわからないことがあります。自分が発表者であることを明確にする1つの方法は，ポスターにあなたの顔写真を載せることです。そうすれば，参加者はあなたがポスターの発表者だとすぐにわかります。ポスターに写真がないならポスターの脇に立ち，近寄ってくる人たちと体を向き合わせる必要があります。参加者たちと目を合わせる準備をしてください。

⑵ 自分のポスターについて説明したがっていることをアピールする
たいていの参加者はチラッとポスターを見て，通り過ぎようとします。しかし，あなたのポスターに興味を持った人は歩くスピードを落とし，通常の時間（= 3秒）より長くポスターを見てくれます。このときがあなたのチャンスです！ "Can I give you a ten-second introduction?"とその人に尋ねてください。

⑶ ポスターについての10秒紹介文を準備しておく
10秒は短い時間のように思われるでしょうが，10秒でも多くのことを語れます。多くのポスター発表者は暗記していた10分程度の説明文のすべてを目の前にいる人に話す，つまりポスターの左上の部分から始めて，右下にたどり着くまで延々と詳細に説明をするという間違いをします。これは，相手にとってもあなたにとっても時間の浪費です。相手が「早く抜け出したいのに途中まで聞いてこの場を離れるのは失礼だからどうしよう」と思っているかもしれません。さらにこの間にも，あなたの研究に対して本当に興味を持っている人と話す機会を逃しているかもしれないのです。あなたが参加者に対してたった10秒で説明すると約束することは，実は発表者と参加者の双方にとって幸福なのです。その参加者がもっと知りたいと思えば，10秒の説明の後に，さらに深く聞いてくるでしょう。

　以下は，ポスターを10秒でアピールできる言い方の例です。およそ40単語で10秒です。こうした10秒の説明をしても興味を持ってもらえないようであれば，仕方ないとあきらめ，興味を持ってくれそうな他の参加者を探しましょう。

[10秒紹介の例1]
The purpose of flower petals is to attract pollinators. Interestingly, there are flowers that turn transparent when wet! We have used electron microscopy to elucidate this mechanism and have developed biomimetic thin polymer films to control this reversible phenomenon.
花びらの目的は，花粉媒介者を引き付けることです。興味深いことに，濡れると透明になる花があります！　電子顕微鏡を使用してこのメカニズムを解明し，この可逆現象を制御する生体模倣ポリマー薄膜を開発しました。

[10秒紹介の例2]
Spider silk is one of the strongest materials known to man. But one of the drawbacks is that it is not electrically conducting. Here we have coated single spider silk threads with polyaniline and measured their conductivity.
蜘蛛の糸は，人間が知る中で最強の素材の1つです。しかし，欠点の1つに導電性がないことがあります。ここでは，1本の蜘蛛の糸をポリアニリンでコーティングし，その導電率を測定しました。

[10秒紹介の例3]
Dewetting is an unwanted process in which a thin film ruptures on the substrates and forms droplets. Here we have developed a method in which the dewetted droplets form very regular submicrometer patterns.
デュウェッティング*は，薄膜が基板上で破裂して液滴を形成する望ましくないプロセスです。ここでは，デュウェッティングにより作製した液滴を用いて非常に規則的なサブマイクロメートルのパターンを形成する方法を開発しました。

---

*デュウェッティング（dewetting）とは，表面上の液膜が液滴を形成するプロセスです。液体は表面を濡らしません（de-wet）。有名な例は，「蓮の効果」や，雨が流れ落ちるワックスコーティングされたフロントガラスです。デュウェッティングは物理的な現象であり，ナノメートルスケールでも発生します。

ポスターは発表者がいなくてもわかるようにしよう

　ポスターは，ポスター・セッションの時間だけでなく，学会開催期間中ずっと展示されていることもあります。そのため，ポスターは，あなたが近くにいなくても見た人がわかるように，あなたの研究についての情報をしっかり説明できるものでなければなりません。したがって，口頭発表用のスライドとポスターとでは，デザインの法則が違います。

　ポスターは第一に，人を強く惹きつけるものでなくてはなりません。「持ち帰りメッセージ」を厳選し，それが目立つように表示しましょう。STEP 25のポスターでは，「吸着時間か吸着サイクルの数によって，吸着されたポリアニリン（導電性ポリマー）の量を制御できること」がもっとも重要なので，これを持ち帰りメッセージとしてポスター中央に目立つように示しました。

　また，口頭発表用のスライドづくりにおいてこれまで推奨してきたキーワード形式の文字情報は，文章形式へと変更しましょう。たとえば，図28-1の上側のスライドは花びらのバイオミメティクス（生体模倣技術）についての口頭発表におけるイントロ用のスライドの1つです。このときの私のセリフは以下のとおりです。

"The skeleton flower, Diphylleia grayi in Latin, is a plant found at high altitudes in Hokkaido, Russia and North America. It has six small white petals, and does not seem to be an extraordinary plant. But when the petals become wet, they turn transparent! The internet is full of pictures that show the dry and wet stages of the petals. This is a quite unique effect, but there is no explanation at all about the mechanism involved in this. Also, the reason why a plant would want to make its petals transparent is a mystery. Thus we used electron microscopy to shed light on this very interesting phenomenon."

「スケルトンフラワー，ラテン語でDiphylleia grayiは，北海道，ロシア，北米の高地で見られる植物です。6枚の小さな白い花びらがあり，特に変わった植物ではないように見えます。しかし，花びらが濡れると透明になります！　インターネット上には，花びらの乾いた段階と濡れた段階を示す写真がたくさんあります。これはきわめてユニークな現象ですが，これに関係するメカニズムについてはまったく説明がありません。また，植物が花びらを透明にしたい理由は謎です。したがって，我々はこの非常に興味深い現象に光を当てるために電子顕微鏡を使用しました。」

What is the Skeleton Flower?

- 和名：サンカヨウ(山荷葉)
- 学名：Diphylleia grayi
- 分類
  - 界：植物界
  - 被子植物
  - 真正双子葉類
  - 目：キンポウゲ目
  - 科：メギ科
  - 属：サンカヨウ属
  - 種：サンカヨウ

Kingdom: Plantae
Angiosperms
Eudicots
Order: Ranunculales
Family: Berberidaceae
Genus: *Diphylleia*

internet

Can we biomimic the textures of flower petals?

Chitose Institute of Science and Technology, Graduate School of Photonics Science
Takumi Arakawa, Ryota Wakabayashi, Olaf Karthaus
E-mail : m218xxxx@photon.chitose.ac.jp

Introduction

It has been reported that the flower petals of the Skeleton flower, a high altitude flower native to moderate climates in the northern hemisphere, turn transparent when wet, or in foggy conditions. The mechanism of this unique behavior is not yet known. and it would be interesting to mimic this change in transparence in artificial thin films. We have investigated the petals of Skeleton and other flowers by SEM and have prepared thin films of poly(vinylidene-co-hexafluoropropylene) that show a reversible opaque-transparent transition.

internet pictures

| 図28-1 | 口頭発表用のスライドとポスターとの違い

上側の図は口頭発表におけるイントロ用スライドであるが，同じ内容をポスターで示したい場合，下側の図のように文章形式とする必要がある。

　ポスター発表の場合には，こうした情報が文章として与えられている必要があります。そのため，この口頭発表用のスライドをポスターで使う際には下側の図のように再構成し，表現も修正する必要があります。キーワード形式の文字情報は，口頭発表用のスライドにはピッタリです。口頭発表では，あなたが話しながらキーワードの意味を説明できますから。一方，ポスターは見ただけで内容がわからないといけませんので，いくつか短い文章を加えて，その内容を説明できるようにしましょう。

　ただし，文章は，出版物のように長く詳細に記述したりしないでください。参加者は，ポスター閲覧にあまり長い時間をかけたくないですからね。

コラム

いざ海外留学を思い立ったらどうするべきか

　研究や学会発表を通じて，大学院生としてあるいはポスドクとして海外へ留学してみたいという気持ちが芽生えてくるかもしれません。しかし，海外留学をしたくなったら，何から始めればよいでしょうか。初めにすべきことは，留学したい国を絞り込むことです。その際，日本とは，文化はもちろん，研究に対する哲学が異なるかもしれないということを心に留めておきましょう。国によっては，研究チームや研究機関そのものに厳格な階層構造があったり，集団思考のパターンがあったりします。逆に，個人を尊重する国もあります。社会が国によって異なる以上，研究に対する考え方も，それぞれの国や地域でまったく異なるものなのです。

　一方，海外留学をしているからといって，1日中研究をしているわけではないので，研究面以外に，治安，食べ物，観光などについても考えておく必要があります。

　留学したい国が絞り込めたら，その国の研究者とコンタクトを取る必要があります。学会で出会った教授に直接eメールなどを書いて個人的にコンタクトを取ったり，あなたの指導教官や，他の教授などにコンタクトを取ってもらうようにお願いしたりします。

　先方から良い返事をもらい，その大学や研究機関があなたの留学を受け入れてくれそうであれば，財政的な支援元を探さなくてはなりません。日本とあなたを迎える国の双方にさまざまな奨学金が設けられていますし，あなたの大学や受け入れ先の大学・研究機関が，学生のために特別な資金援助を用意しているかもしれません。それ以外にも，公的ではない団体や研究基金もいろいろな奨学金を提供しています。

　ワーキングホリデー・ビザを発行してくれる国もあるので，一度その国へ短期間行ってその文化に慣れたり，数ヵ月働いたりした後で，正式に留学することもできます。

　外国留学・滞在のためには多くの準備が必要で，かなりの時間がかかります。私の経験ですが，最初にコンタクトを取ってから実際に留学を開始するまで少なくとも1年はかかります。ですので，前もってしっかりと準備をしてください。Good luck!

スライド・ポスターがおよそできあがったら，発表用のセリフの準備をしてみましょう。

本書は英語でのプレゼンを目標としていますので，基本的な英文法についても説明します。

学会で発表をする際に必須である要旨（アブストラクト）の作り方や，英文の発音方法についてもお伝えします。

テクニカル・スキル編❷

発表時のセリフ

口頭発表におけるセリフの準備・発表練習は入念に

口頭発表でのプレゼンは，学術誌で発表した文章をただ声に出して読むというようなものではありません。もしそのようなプレゼンをしてしまったら，次のようなことが起こるでしょう。

第一に，慣れない単語の発音や複雑な文法に舌がもつれて，挫折します。第2に，同じことが繰り返されるため，非常に単調な響きになります。ですから，各スライドについて，自分のセリフを準備しておいてください。一般的な人が話すスピードは，1分間に120〜140単語程度です。そして，1枚のスライドの標準的な表示時間はたいてい40秒〜1分なので，各スライドは80〜140単語で説明できるようにしましょう。10分のプレゼンなら，スライドの切り替えにかかる時間と，スライド数が10〜14枚であることを考慮し，プレゼン全体では1,000〜1,200単語あたりがよいでしょう。

基本的には1つの文章に1つの情報が入るような短い文章を作ってください。そして論理的な流れになるように文章をつなげていきます。基本的な文法と文型に関することは次のSTEPからお伝えしたいと思います。

また，あなたの指導教官，上司にあなたのセリフを見せて修正してもらい，その修正やチェックがすべて終わった後，仕上げとしてネイティブ・スピーカーにも見せて最終確認をしてもらってください。できればそのスピーチを，ネイティブ・スピーカーに声を出して読んでくれるように依頼し，録音してください。そして，それを200回聞きましょう（冗談ではありません）。

最初の数回は手前にセリフを置いて，ネイティブ・スピーカーのスピーチを聞きながらセリフを読んでください。イントネーション，単語と単語のつながりや，文章間のどこで休止するべきかなどを，セリフにメモしてください。そして時間を見つけて（電車内，料理中，掃除中，ペットの散歩中など），スマホやオーディオプレーヤーを利用して聞き続けましょう。その後，音声を聞きながらセリフを発声練習しましょう。一人で部屋に居るときや誰にも聞かれずに散歩できるときがベストです。

もしネイティブの人やそれに近いスピーカーがいない場合は，たとえば，インターネットの「Google翻訳™」にあなたのセリフをコピー＆ペーストして，'play'ボタンを押せば，コンピュータ音声を聞くことができます。ただその音声はきわめて単調です。また，Google社は自社のサイトで得た情報ですから，あなたのプライバシーを管理してはくれません。あなたの文章は，分析されたり，第三者に渡されるかもしれません。

くれぐれも機密情報は出さないよう気をつけてください。

　余談ですが，私はたまたまおもしろい発見をしました。Google翻訳での英語の発音を聞くつもりで，文章を入力するボックスに英文を入力したとき，「英語」ではなく間違えて「日本語」を言語選択して発音させてしまいました。すると，思いもよらなかったのですが，Google翻訳によるその「日本語版の英文」の発音は，日本人が話すような英文の発音だったのです。韓国語，フランス語，イタリア語，ドイツ語などの他の言語も聞いてみましたが，同様にそれぞれの国の人が話すような英文の発音でした。

正しい時制を使おう

　口頭でも筆記でも，科学的なコミュニケーションにおいて使用される時制は，科学的ではない一般的な英語における時制と同じです。科学的なコミュニケーションに特有なのは，文法における受動態の使用です。明白ではありますが，念のため，時制について以下に説明します。

現在形は，不変なこと，あるいはものの現在の状態を記述するのに用いられる。
- Water under normal pressure boils at 100°C.
- Methylene blue can be reduced by glucose in an alkaline solution.

⇒上の２つの例文はいずれも事実であるため，現在形を使います。

現在完了進行形は，過去に始まってまだ続いている状態を記述するのに用いられる。
- It has been raining all day.
- Organic light emitting diodes (OLED) are being used in TV and mobile displays.

⇒１つめの例文は雨が降り続いていること，２つめの例文はOLEDが使われ始め，現在も使われ続けていることを示すため，現在完了進行形が使われます。なお，OLEDは，「オー・エル・イー・ディー」ではなく「オレッド」と発音されます。

過去形は，過去に起きたことを記述するのに用いられる。
- Prof. Staudinger published his ground-breaking publication about polymers in 1920.

未来形は，未来に起こることを記述するのに用いられる。
- Our newly developed polymers will pave the way for environmentally friendly packaging materials.

⇒プレゼンでは，将来展望でよく未来形が使われます。

受動態は，文の主語が知られていない，あるいは重要ではないことを説明するのに用いられる。
- The polymer solution was cast on the substrate and heated to 80°C.

⇒この例文では，行為者を示す "by us"（私たちによって）が省略されています。この実験が誰でもできることであり，実験結果が実験者に依存しないためです。

- Xylitol was first synthesized in 1891, but did not attract much interest.

⇒この例文では，行為者であるキシリトールを合成した人はあまり知られておらず，この文で伝えたい重要な事実は，キシリトールが長年知られていることです。

　能動態（主語＋動詞＋目的語）の文では，主語が動詞の行為者で，目的語は動詞の行為の対象（受け手）です。受動態では受け手（目的語）がその文の主語になりますが，受動態の主語は能動態における目的語（行為の対象）として扱われていたときよりも，重要さが増します。そのため，科学分野では実験や手順の説明において，過去形の受動態が用いられます。受動態の構造は「行為の対象（受け手）」＋「be動詞＋一般動詞の過去分詞形」＋"by"＋行為者」ですが，動詞の行為者は，前置詞byとともにさらっと省略されることがあります。

　ただし受動態は他動詞，つまり，直接目的語をもつ動詞の場合にのみ使用できます。自動詞は無意識のプロセス，状態，身体の機能，運動，行動プロセス，認識，知覚，感情を表すもので，それらは受動態に変換できません。自動詞が誤って受動態にされたいくつかの例と，その修正方法を紹介します。

✕ The reaction was occurred after adding the oxidant.
◯ The reaction occurred after the oxidant had been added.
⇒ "occur"は自動詞であるため，能動態とする必要があります。"the oxidant had been added"は，行為者が重要ではないので受動態となっています。

✕ The color was disappeared after 2 h.
◯ The color disappeared after 2 h.
⇒ "disappear"は自動詞であるため，能動態とする必要があります。

✕ The synthesis was begun at noon.
◯ The synthesis was started at noon.
⇒ "begin"は自動詞としても他動詞としても使えますので，文型としては上の文も間違いではありません。ただし，"begin"は主語自体が目的語とする行為に参加するようなとき（会議や学校など）に用いられる一方，"start"は主語に対して第三者的なものを目的語とするときに用います。この文章で省略されている主語"we"もしくは"I"にとって"synthesis"（合成）は第三者的な位置にありますので，"start"を使います。

✕ The fluid was flown down the substrate.
◯ The substrate was rinsed with the fluid.
⇒ "flow"は自動詞であるため，受動態にはできません。また，この文章では"the substrate"が重要であるので主語とし，動詞も"rinse"に変更しています。

　このように，表現を正しくするために，文章の構造だけでなく使用する動詞を変更しなければならない場合があります。

冠詞を正しく理解しよう1
——定冠詞

STEP 31

　冠詞（a, an, the）は日本語に存在しないため，日本人が英語を話す際の壁の1つです。正しい冠詞を選べるようになる，とても単純な規則がいくつかあります。まず，その名詞が特別なものを指しているのかどうかを判断します。特別なものであれば，冠詞には "the" が使われます。そうでないならば，その名詞が可算名詞であるかどうかが次のポイントで，可算名詞でなければ冠詞は必要ありませんが，可算名詞でかつ単数ならば "a" もしくは "an" が使われます。

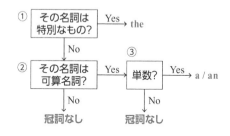

| 図31−1 | 冠詞の選び方に関するスキーム

　ここではまず，定冠詞 "the" について説明します。名詞が特別化する，すなわち定冠詞を使う必要がある条件は，次のとおりです。

⑴ 共有認識がある名詞

　話し手と聞き手双方が，その名詞は特別な場所，イベント，事実だと知っているとき，"the" が使われます。

"The double helical structure of DNA was discovered in the 1950s."

DNAの二重らせん構造は科学者でなくても多くの人に知られています。児童でも目にすることがあるくらいもっとも有名な化学構造の1つです。一方，コラーゲンの構造は，それほどよく知られていません。そのため，コラーゲンについてのプレゼンでは，私は次のように紹介します。

○ Collagen shows a peculiar triple helix structure, that is responsible for its excellent mechanical properties.

× The triple helical structure of collagen is responsible for its excellent mechanical properties.

⑵ その名詞が，文の中で前の文と同じ文脈で使われている場合

　このケースでは，"the" の代わりに "this" を使うこともでき，厳密に "the" である必要はありません。同じ文脈内であれば使うことができます。

• Biotinylated polymer beads were suspended in a PBS buffer solution and transferred to conical vials. The vials were centrifuged, and the supernatant buffer solution was pipetted off.

⑶ 名詞の後に付いた修飾語により限定される場合（特に前置詞句や関係詞節が続くことが多い）

- The rotation of the earth is constant.
- The titration of the reaction mixture needs to be completed within 10 minutes.
- The samples that showed a color change were analyzed.
- The problem which needs to be addressed is the environmental impact of microplastics.

⑷ 特定する形容詞，最上級の形容詞，序数詞の後に名詞が続く場合

- The yellow bottles contain chloroform.
- It is crucial to measure the exact amount.
- The most commonly used solvents are ethanol and chloroform.
- On the third day, the spectrometer broke down.

⑸ 名詞が指すものが特定される特別な名詞の場合

- Sand samples were collected from all of the Great Lakes.
- There is evidence for a patch of floating plastic in the Pacific Ocean.
- Many metal elements were discovered in the 19th century.

地理的名詞は，このタイプです。北アメリカには五大湖と呼ばれる5つの湖があります。ここで，興味深い事実があります。2つめの例文の"patch"の後には"of"以下の修飾語がつながっていても，ルール⑶に当てはまりません！　プラスチック・パッチが形，サイズ，深さなどにおいて特定されないためです。すべての"of"が，"the"を導くわけではないので気をつけてください。3つめの例文のように，特定の時間を指す時間的基準にも定冠詞が必要です。

⑹ 名詞がそれとなく1つに限定されている場合

- First, the acrylic cover is removed from the metal frame.

これは取扱説明書の一部で，1つのカバーだけが機械の1つの金属枠にあるという前提です。

- After proper adjustment of the laser, the S/N ratio improved by a factor of five.

分光計にはレーザーが1つだけあるため，"the"でそれを指しています。この文は，"factor of five"の前にある不定冠詞"a"の使い方についても良い例といえます。たとえ"of five"という修飾語があっても，それが『5』だけでなくどんな数でもありえたので，不定冠詞がfactorに使われているのです。

⑺ 総称用法

　総称的に，あるグループの人々，生物やものを指す場合ですが，一般的にはまれです。

- The African American has faced discrimination throughout US history.
- The bat is a peculiar animal.

ですが，この種の言い回しは改まった形なので通常そのようには話さず，そう話したいなら，たいていは複数形を使って，次のように話します。

- African Americans have faced discrimination throughout US history.
- Bats are peculiar animals.

冠詞を正しく理解しよう2
──不定冠詞

STEP 32

　どんなときに不定冠詞を使用するのかを身に付けるのは，定冠詞よりも難しい問題です。基本的に，定冠詞はその名詞が特定されるならば，どんな名詞に対しても使われる一方，不定冠詞は名詞が特定されない場合に使われますが，冠詞を何も使わない場合があります。失敗しない鉄則は以下の2点です。

(1) 不定冠詞は1を意味するため，数えられない名詞や複数の名詞には不定冠詞を使用することができません。実際，"a"，"an"，"one" は，歴史的に同類の単語です。
- I do research on the environmental impact of microplastic particles.
- A microplastic particle can disintegrate into even smaller particles.
- Fluorescence spectra are measured using quartz cuvettes. A cuvette costs several hundred dollars.
- White rice mainly contains starch.

上記の名詞はすべて不特定です。ですが，複数名詞（particles, cuvettes）には不定冠詞は付きません。単数名詞（particle, cuvette）には，particleやcuvetteが特定されていないので不定冠詞が付きます。プラスチック粒子が大きいのか小さいのか，それがどんな構造をしているのかわかりませんし，どのプラスチック粒子もやがて壊れます。キュベット（分光測定などに使うセル）にもサイズや形に関する情報がありませんし，どんなタイプのキュベットでも高価です。

(2) 不可算名詞には冠詞が付きません。代表的な例は，はっきりした形や形状をもたないもの（水，エタノール，米，砂，化学物質など）や，概念であり数えられないもの（重力，磁気，情報など）です。これらの名詞は通常，複数形も持ちません。
- ✕ We got <u>two informations</u> from this experiment.
- ○ We got <u>some new information</u> from this experiment.

［不可算名詞のタイプと例］
- はっきりした形のない物質のかたまり（water, liquids, gasses, sand, chemical compounds）
- 抽象的な概念（gravity, magnetism, information, attention, concentration）
- 連続的なプロセス（synthesis, pollution, osmosis, conductivity, research）
- 研究分野（mathematics, business, engineering, chemistry）

［可算名詞のタイプと例］

可算名詞は基本的に次の3つのうちのどれかに当てはまります。

- はっきりした形があるもの（book, molecule, spectrometer）
  ※数詞や数量詞をともなって複数形にもなります。（two molecules, many spectrometers）
- 抽象的なものを説明する語（theory, hypothesis, concept, idea）
  ※数詞や数量詞をともなって複数形にもなります。（two theories, many hypotheses, some ideas）
- 時間や空間において特異な事象や点を説明する語（melting point, center, edge）

以下にサンプル文章をつくりました。①〜㉞までの空欄に入れるべき冠詞を考えてみてください（冠詞が不要な箇所もあります）。

In (①) nature, there is (②) seemingly limitless variety of (③) functional nano- and microsctructures. (④) function of some of those are known, but many are still (⑤) enigma. (⑥) Technologically interesting functions are (⑦) selective interaction with (⑧) photons ((⑨) photonic crystals), (⑩) effective charge separation ((⑪) artificial photosynthesis), or (⑫) hierarchical surface topology of (⑬) flat, (⑭) tubular, or (⑮) spherical structures ((⑯) superhydrophobicity or –hydrophilicity, (⑰) low friction, (⑱) attachment). Thus, by mimicking these structures, (⑲) eco-friendly functions can be envisioned. But not only (⑳) function, but also (㉑) understanding of (㉒) biosynthesis of these structures may open (㉓) new routes to (㉔) eco-friendly biomimetic synthesis and patterning processes. In this talk, I will focus on (㉕) less-prominent examples of (㉖) hierarchical biological structures in (㉗) plants and (㉘) fungi. I will review (㉙) state of (㉚) art and present our work on (㉛) structures and biomimetics of (㉜) pollen, (㉝) spores and (㉞) fungal structures.

［解答］

①：なし（natureは不可算）　②：a（variety＝多様性は特定されない）　③：なし（複数形）
④：The（修飾語により限定）　⑤：an（enigma＝謎は特定されない）　⑥：なし（複数形）
⑦：なし（interaction＝相互作用は不可算）　⑧：なし（複数形）　⑨：なし（複数形）
⑩：なし（プロセス）　⑪：なし（プロセス）　⑫：the（修飾語により限定）　⑬：なし（複数形）　⑭：なし（複数形）　⑮：なし（複数形）　⑯：なし（不可算）　⑰：なし（不可算）　⑱：なし（不可算）　⑲：なし（複数形）　⑳：the（修飾語により限定）
㉑：the（修飾語により限定）　㉒：the（修飾語により限定）　㉓：なし（複数形）
㉔：なし（プロセス）　㉕：なし（修飾語はあるが特定されない）　㉖：なし（複数形）
㉗：なし（複数形）　㉘：なし（複数形）　㉙：the（修飾語により限定）　㉚：the（総称用法："state of the art"は慣用句）　㉛：the（修飾語により限定）　㉜：なし（不可算）
㉝：なし（複数形）　㉞：なし（複数形）

前置詞を使いこなそう1
——前置詞の種類を知っておこう

　前置詞は，名詞や名詞に相当する語句の前に置かれ，その語句と後に続く語句との対応関係を示すための品詞で，"at"，"of"，"in"，"on"などがその例です。接続詞は同じ節の中で，語と語や節と節をつなぎ，"and"，"but"，"if"などがその例です。前置詞と接続詞を正しく使いこなすのは，なかなかやっかいです。英語には50以上の前置詞がありますが日本語には前置詞がなく，代わりに文法的に類似した「格助詞」が10程度あるだけです。

> 【日本語における格助詞】
> 〜が（主語，主格），〜から（始点），〜で（場所），〜と（一緒に），〜に（与格），
> 〜の（属格），〜へ（方向），〜まで（終点），〜より（始点，比較），〜を（対格）

　前置詞はたいてい，時や場所（空間），後の文に関する論理関係（原因・理由など）を示します。

空間関係
内 関 係：among, at, in, inside, of, with, within
外 関 係：except for, out, outside, without
近接関係：about, against, along, around, at, beneath, beside, between, near, on, onto,
　　　　　underneath

- Platinum is among the most expensive metals.
- Inside the cell is a complex network of protein fibers.
- The glycocalix is on the outside of the cell wall.
- My research is about the relationship of molecular structure and toxicity of aniline derivatives.
- The insect traps were fixed around the trees.
- The glass rod is leaning against the inner wall of the oven.
- The chromatography column is directly beside the magnetic stirrer.
- The gate electrode is between the source and drain electrodes.
- Ice crystals start to form near the metal surface.
- The scale is on the table.

方向関係（起点，経過，終点）
above, across, after, along, before, behind, below, beneath, beside, between, beyond, down, for, from, into, off, on, onto, out, over, past, through, throughout, to, toward,

under, underneath, up, upon

- Usually, the melting point of polymers is <u>above</u> their respective glass transition temperatures.
- The boiling point of alcohols increases <u>along</u> their molecular weight.
- The development of rechargeable batteries lags <u>behind</u> the needs of the market.
- Most plastic particles float directly <u>below</u> the water surface.
- The origin of the Big Bang is <u>beyond</u> a materialistic description.
- The scanning tunneling microscope makes it possible to see surface structures <u>down</u> to atoms.
- The sample was heated <u>from</u> 80°C <u>to</u> 120°C.
- We also looked <u>into</u> the toxicity data for anilines.
- The spatula is held <u>over</u> the Bunsen burner.
- Science is making efforts <u>toward</u> a better understanding of complex eco systems.
- <u>Underneath</u> the surface, there is a network of pressure sensors.

時間関係

after, at, before, by, during, for, from, in, over, past, since, through, throughout, until, when, while

- <u>After</u> the position of the cells was determined by fluorescence microscopy, we transferred the sample <u>into</u> the SEM.
- The transition took place <u>at</u> 90°C.
- <u>Before</u> calcination, the samples were washed with acid.
- <u>During</u> irradiation, the sample slowly becomes brittle.
- A needle is pushed <u>through</u> the cell wall.
- The temperature has to be kept below 5°C <u>throughout</u> the experiment.

原因，目的，行為の対象など

by, for, from, like, to, until, with

- The polymer transistor behaves <u>like</u> a semiconductor transistor.

　次に，前置詞の間違った用法について論じてみましょう。下記がその例です。
- <u>After</u> the polymer was removed <u>during</u> elution, only the hollow shells remained.

「時」の前置詞"after"は，合っています。それは，ポリマーの除去と残っている空になった殻（shell）の関係を説明しています。"after"が除去後の状況を説明するための時の前置詞であるので，<u>溶出中</u>に起こるプロセスのために選択する前置詞ではおかしいと思いませんか？　"during"もまた時間関係ですし，間違いなく溶出が起こる間にポリマーは除去されるので論理的に聞こえますが，前置詞"by"がduringに代わって使われるべきです。たとえば「私の授業中に，首相が辞任したというニュースが発表されました」の場合のように偶然の一致でなくて，溶出の<u>目的</u>が，ポリマーの除去であったからです。

前置詞を使いこなそう2
──慣用成句の前置詞

STEP 34

前のSTEP 33では，一度に使う前置詞は1つだけでしたが，次の文のような前置詞もあります。

- <u>In spite of</u> being known since more than 100 years, xylitol was largely ignored until 40 years ago.
- The cells accumulate <u>at the bottom</u> of the vial.
- <u>With respect to</u> the thermal stability of the polymers, there is still room for improvement.

これらは，複数の前置詞が連なって1つの前置詞となっています。こうした英熟語は，高校の授業や大学受験の際に一度は勉強したことがあると思います。

また，名詞，形容詞，動詞とまとまって，1つの慣用成句になっている前置詞があります。これらを慣用成句として覚えることで自動的に正しく前置詞を使うことができます。

名詞+前置詞

- The <u>approval of</u> our new cancer treatment is just around the corner.
- The <u>awareness of</u> the micro-plastic problem in society is low.
- The <u>belief in</u> transmutation of the elements was widespread in the middle ages.
- There is growing <u>concern for</u> the environment.
- <u>Confusion about</u> the environmental impact of coal is fueled by populistic statements.
- I hope that after my talk, you get a <u>grasp of</u> new applications of biopolymers.
- Your talk gave me an <u>interest in</u> renewable energy.
- There is a growing <u>need for</u> renewable energy.
- Your <u>participation in</u> the discussions after this presentation is encouraged.
- There is good <u>reason for</u> new technologies based on biomaterials.
- The <u>success in</u> fabricating large quantities of carbon fibers has propelled their applications.
- A better <u>understanding of</u> the interaction of carbon nanotubes with cells is needed.

形容詞+前置詞

- We need to be <u>aware of</u> the dangers of gene editing technologies.
- Fungi are <u>capable of</u> digesting cellulose.
- For a long time, we were <u>careless about</u> the environmental impacts of plastics.
- Nowadays, many people are <u>familiar with</u> LED lights.

- I became <u>interested in</u> chemistry when I was a junior high school student.
- The anvils of high pressure chambers are <u>made of</u> industrial grade diamonds.
- In a sense, the photoelectric effect is <u>similar to</u> photosynthesis.
- With biopolymers we do not be <u>worried about</u> non-degradable plastic pieces.

動詞＋前置詞
- After my presentation, please <u>ask</u> me anything <u>about</u> my research.
- Can I <u>ask</u> you <u>for</u> a favor?
- I <u>attach</u> the spectra <u>to</u> this email.
- The sensor was <u>attached to</u> the reverse side of the film.
- I <u>belong to</u> the Department of Applied Chemistry and Bioscience.
- We need to find out about the <u>reason for</u> the fracture resistance.
  （fracture resistance：耐破壊性）
- Here, I will <u>focus on</u> the synthesis of these new hybrid materials.
- Photodegradation <u>leads to</u> the release of carbon dioxide.
- We <u>looked for</u> microplastic particles in drinking water.
- I <u>look forward to</u> a vivid discussion after my presentation.
- My students <u>prepared for</u> this presentation for six weeks.
- Today, I want to <u>talk about</u> new hybrid materials based on biopolymers.
- We need to <u>think about</u> new ways to increase the use of bioplastics.
- I am <u>working for</u> a greener environment.

　前置詞は時に前置詞句の目的語に影響を受けます。agreeの場合，提案に同意するのか，人に同意するのかによって前置詞が異なります（to a proposal / with a person）。以下がそのような動詞と前置詞の慣用表現です。
- agree（同意する）：<u>to</u> a proposal, <u>with</u> a person, <u>on</u> a conclusion, <u>in</u> principle
- argue（議論をする）：<u>about</u> a matter, <u>with</u> a person, <u>for</u> or <u>against</u> a proposition
- compare（比較する）：<u>to</u> (to show likenesses), <u>with</u> (to show differences)
  ［例］
  Compared to phenol, *p*-nitrophenol is more acidic.
  Compared with alkyl alcohols, phenol is acidic.
- correspond（一致する）：<u>to</u> a thing, <u>with</u> a person
  ［例］
  Each point in the map <u>corresponds to</u> one complete infrared spectrum.
  I <u>corresponded with</u> Prof. Smith about your proposal.
- differ（異なる）：<u>from</u> an unlike thing, <u>with</u> a person

接続詞でプレゼンの質を上げよう1 ——等位接続詞と相関接続詞

STEP 35

　接続詞は，語や句，節を結びつける語です。接続詞を正しく用いれば，あなたは聴衆に自分の研究の実験方法や結果，知り得た成果の意味を正確に伝えられます。接続詞のうち，特に従属接続詞と相関接続詞は，あなたの思考のつながりを説明し，論理的に論証するのに役立ちます。これらの接続詞を用いて，あなたのプレゼン・レベルをもう一段階アップさせましょう。

等位接続詞：文法上同じ関係にある2つの節を結びつけます

and, but, except, for, however, moreover, nevertheless, nor, or, so, therefore, yet

- The samples were analyzed by NMR <u>and</u> IR spectroscopy.
- The compound is soluble in water, <u>but</u> not in acetone.
- LEDs are expensive to produce, <u>but</u> they save electric energy.
- <u>For</u> each sample, the fluorescence spectrum was measured.
- The hybrid film was not much different from the pristine polymer film, <u>except</u> it was emitting in the green.
- The red and green LEDs have a lifetime of several thousand hours, <u>however</u>, the blue one of only 500 hours.
- Here we report on the amount of microplastic particles in Chitose river. <u>Moreover</u>, we focus our attention on the sources of contamination.
- PET is a synthetic polymer. <u>Nevertheless</u>, it can be broken down by bacteria.
- The infection could not be controlled, <u>nor</u> did the fever go down.
- The residue was still acidic, <u>so</u> it was treated with carbonate a second time.
- The residue was still acidic, <u>therefore</u> it was treated with carbonate a second time.
- Pentacene is not soluble in common organic solvents, <u>yet</u> it can form thin films.

次のように"and"が，"first ..., then"の意味をもつこともあります。

- We analyzed the two samples <u>and</u> found striking differences in their calcium content.

"Or"には，いくつか用法があります。第一の用法は「2つの選択肢」を示す目的です。

- The solution was allowed to cool on its own, <u>or</u> the flask was immersed in an ice bath.

第二の用法は，同義語や前に述べた表現を前置きにして紹介する目的です。

- The processed uranium ore <u>or</u>, as it is known to miners, the yellowcake, is dried at elevated temperature.
  (uranium ore：ウラン鉱)

第三の用法は，続いて起こる必然的な結果を説明する目的です。

- The alkaline solution has to be neutralized as quick as possible, or the compound will isomerize.

相関接続詞：接続詞とその他の単語が一緒になって接続詞の働きをします

both … and …., either … or …, in case … should …, just as … so …, neither … nor …, not only … but also …, rather … than …, so that …, the (形容詞の比較級), the (形容詞の比較級)…, whether … or …

- Ethanol is as good as a solvent as methanol.
- Both filtration and centrifugation is used to collect the residue.
- Either green or blue excitation light will lead to a phototropic reaction.
- Just as the ozone hole problem was successfully tackled, so will the microplastic problem be.
- Neither the transparency nor electric conductivity of the material changed after adding nanofibers.
- The new sensor is not only fast, but also sensitive.
- We should rather increase the recycling rate than restrict the use of plastics.
- The concentration was diluted by three orders of magnitude so that the fluorescence spectra could be measured.
- The higher the content of carbon fibers, the lower the transparency.
- Whether argon or nitrogen is used as protective gas depends on its availability.

"so that"は，"in order that"と同様に，その文の目的を表すのに用いられます。

- The vacuum is not broken, in order that/so that the sample does not oxidize.

ただし，"so that"は，「その結果」という意味で用いられることもあり，その場合は"in order that"を用いることはできません。

- Many migrating birds take a rest at Utonaiko in spring, so that April was chosen for the observation period.

コラム

Visa

　海外に行くにはもちろん，ビザが必要です。日本のパスポートは現在，ビザなしで大部分の国に行けるという意味において，世界でもっとも『価値の高い』パスポートです。しかし前もってその国のビザ要件をよくチェックしておいてください。学会主催者からの招待状が必要になる場合もあります。ビザ発行には数週間かかる場合もありますので，早めに情報を収集し，出発までに間に合うよう準備してください。

STEP 36 接続詞でプレゼンの質を上げよう2 ——従属接続詞

　従属接続詞には，名詞節を導くもの（接続詞の後の文章が文全体で名詞として扱われるもの）と副詞節を導くもの（接続詞の後の文章が文全体で副詞としての役割を果たすもの）があります。

従属接続詞：名詞節を導くもの

if, that, whether

- We wanted to know <u>if</u> transistors can be produced from liquid crystalline materials.
- The fact <u>that</u> ionic liquids have an extremely low vapor pressure makes them environmentally friendly.
- We wanted to know <u>whether</u> liquid crystals can be used as transistor materials.

that には関係代名詞としての用法もありますが，これについては次のSTEP 37で説明します。

従属接続詞：副詞節を結びつけるもの

after, although, as, because, before, if, lest, once, since, than, that, though, unless, until, when, whenever, where, whereas, wherever, while

- <u>After</u> (the residue was) centrifuged, the residue (it) was transferred on a TEM grid.
- <u>Although</u> we found that the material itself is nontoxic, the adsorbed chemicals on its surface pose a risk.
- <u>As</u> pentacene is insoluble in common organic solvents, vacuum evaporation is the common method to fabricate thin films.
- <u>Because</u> sodium hydroxyde is hygroscopic, it needs to be stored in a closed container.
- <u>Before</u> placing the sample in the scanning electron microscope, it has to be sputtered with palladium.
- <u>If</u> we could directly visualize the cells, we could pinpoint the origin of the anomaly.
- <u>Once</u> the sugar has dissolved, the alginic acid solution may be dropped into the calcium chloride solution.
- <u>Since</u> protic solvents lead to chain termination, an aprotic solvent such as DMF has to be used.
- Raman spectroscopy is more sensitive to surface defects <u>than</u> infrared spectroscopy.
- It is possible <u>that</u> previous authors have overlooked that fact.
- <u>Though</u> this synthetic route is time-consuming, it is more environmentally friendly.
- <u>Unless</u> ATP is added, the molecular motor does not rotate.
- Acetic acid is added <u>until</u> the pH reaches seven.

- Be careful <u>when</u> adding acid to the solution.
- The hood must be switched on <u>whenever</u> organic solvents are used.
- Incandescent light bulbs are cheaper to produce, <u>whereas</u> LEDs lead to a lower electricity bill.
- <u>Wherever</u> possible, reusable syringes were used.

接続詞の "while" は，時間的な関係を示すのに用いられます。

- <u>While</u> the reagents are dropped into the reaction mixture, the temperature must be kept below 80°C.

また，「一方で」といった意味で，対比を示す場合もあります。

- Red OLEDs have a lifetime of several thousand hours, <u>while</u> blue ones last only for a few hundred.

STEP 37 接続詞でプレゼンの質を上げよう3 ——群接続詞と接続副詞

　前のSTEP 36で扱ったのは，1単語で接続詞の働きをするものでしたが，複数の単語で1つの接続詞の働きをするものもあります。前置詞に名詞，形容詞，動詞とまとまった慣用成句の前置詞（STEP 34）があったことと同様です。それが，群接続詞です。群接続詞は副詞を導く接続詞です。

群接続詞

as if …, as long as …, as much as …, as soon as …, as though …, by the time … , even if …, even though …, in case …, in order that …, only if …, provided that …

- The term "self-organization" is used <u>as if</u> it were synonymous for self-assembly.
- <u>As long as</u> the sample is irradiated, the color stays blue.
- Research into cancer prevention is needed <u>as much as</u> research for new drugs.
- The solution turned blue <u>as soon as</u> the reductant was added.
- Many times people speak of science and engineering <u>as though</u> they were totally different.
- <u>By the time</u> the polymers are washed ashore, they are already decomposed.
- <u>Even if</u> the capacity of wind energy could be doubled, it would be not enough to sustain carbon neutrality.
- <u>Even though</u> the boiling points of the two compounds are similar, their melting points differ greatly.
- <u>In case</u> the precipitate is too fine to be filtrated, it has to be centrifuged.
- <u>Only if</u> some organic residue is still present, another aliquot of 25 mL of hydrogen peroxide is added.

　一方，副詞にも接続詞と同じように文章をつなぐために用いることができるものがあります。これを接続副詞といいます。

接続副詞

【対照：前の文章と後ろの文章の対比】

all the same（それでも），by comparison（比較すると），even so（それでも），however（しかしながら），in contrast（それに対して），in fact（実際には），instead（その代わりに，そうではなく），meanwhile（一方で），nevertheless（それにもかかわらず），nonetheless（それにもかかわらず），on the contrary（しかしながら），on the other hand（一方で），still（それでも）

- The polymer particles got deposited onto the substrate in irregular intervals that are

nontheless not random.
- Thermometers with mercury where phased out because mercury is toxic. Instead, a new liquid metal alloy made from gallium, indium, and tin is being used recently.
- Butanone can dissolve polystyrene. In contrast, acetone cannot.
- We found that the transparency of the chitin film increases with decreasing pH. Meanwhile, the thermal expansion coefficient decreases.

【結果：前の文章の結果】
accordingly (したがって), as a result (結果として), consequently/ in consequence (その結果), hence (したがって), therefore (そのため), thus (したがって)
- The higher boiling point solvents were harder to remove. Accordingly, we chose the low boiling point acetone as solvent.
- Fluorocarbons were shown to damage the ozone layer, which consequently led to their replacement with more environmentally friendly alternatives.
- Below its melting point, the chemical potential of the polyester in the solid state is be smaller than that in a solution. Hence, the solution lowers its free enthalpy by phase separation.
- DMSO is environmentally friendly, therefore it was used as a solvent.
- DMSO is environmentally friendly, thus it was used as a solvent.

【追加：前の文章の内容に追加】
also (また), besides (さらに), furthermore (さらに), in addition (さらに), moreover (さらに), next (次に), then (それから), similarly (同じく), subsequently (その後)
- Besides their use as jewelery, diamonds play a central role in high-pressure anvils.
- In addition to the chemical shift, we also get information about the isotope composition.
- Ethylene can also be produced from bioethanol.
- Microplastic particles were identified by optical microscopy and subsequently analysed by FT-IR.

【その他】
in other word (言い換えると), otherwise (さもなければ)
- Ionic liquids have a very low vapor pressure. In other words, they do not evaporate.
- Hydrogen peroxide has to be kept in the refrigerator. Otherwise, it will decompose quickly.

STEP 38 関係代名詞を使いこなそう

　関係代名詞はもともと 2 つの文章であったものを 1 つの文章にまとめる役割があります。名詞を後から修飾することができるため，科学英語において頻繁に用いられます。

関係代名詞と関係副詞
【関係代名詞】
who, whose, whom, which, that
- Prof. Staudinger was the German chemist <u>who</u> was awarded the Nobel Prize in 1953.
- Alfred Nobel was a Swedish entrepreneur <u>whose</u> legacy is well known because he instituted the Nobel Prize.
- Fluorescein, <u>which</u> absorbs blue light, can be used as a fluorescence probe.
- The discovery of penicillin was the break through <u>that</u> changed medicine.

【関係副詞】
where, when, why, how
- The nucleus is the place <u>where</u> the drug is concentrated most.
- How can we know <u>when</u> the chemical reaction has finished?
- The question remains <u>why</u> the liquid remains blue.
- The question remains <u>how</u> the nanofibers can be isolated.

複合関係代名詞と複合関係副詞
【複合関係代名詞】
what ~ = the thing(s) which「〜すること / もの」
The sample without oxygen is more stable than <u>what</u> was produced with oxygen
whatever ~ = anything that ~「〜するのはなんでも」
<u>Whatever</u> solvent you use, the problem of waste remains.
whoever ~ = anybody who ~「〜する人は誰でも」
<u>Whoever</u> finds a cure for cancer, will get the Nobel Prize.
whichever ~ = any one that/either (one) that ~「〜するものはどれでも」
One can use <u>whichever</u> chlorinated solvent.
whatever ~ = no matter what ~「何が (を) 〜しても」
<u>Whatever</u> we tried, the reaction yeild did not exceed 50 %.
whoever ~ = no matter who ~「誰が (を) 〜しても」
<u>Whoever</u> visits our lab needs a security clearance.
whichever ~ = no matter which ~「どれが (を) 〜しても」

Whichever relative humidity did not turn the petals transparent.

what S call/what is called「いわゆる」

The samples are stored in what is called a deep freezer.

what is（形容詞の比較級）「さらに（形容詞）なことには」

what S is(was/used to be)「現在／過去のS」

S1 is to ~ what S2 is to ···「S1の〜に対する関係は，S2の···に対する関係と同じ」

Arabidopsis is to batanists what drosophila is to entomologists.

what with ~ and ···「〜やら···やらで」

【複合関係副詞】

whenever = no matter when ~「いつ〜しても」

Whenever you handle chemicals, you have to wear protective clothing.

wherever = no matter where ~「どこで〜しても」

Wherever I visit a beach, I find microplastic particles.

however = no matter how ~「どんなに〜しても」

However we tried to identify the origin of the contamination, we could not pinpoint the source.

要旨（アブストラクト）の書き方1 ——ふつうの長さの要旨の場合

STEP 39

　興味を惹く要旨（アブストラクト）を書くことは，学術論文に限らず，学会発表においても非常に重要です。出版物の要旨の目的は，内容を読んでもらうために読書欲を刺激することですが，学会発表における要旨の目的には2つあります。1つめは，学会運営委員があなたの投稿を評価するためです。すなわち，口頭発表とポスター発表のどちらにするか，あるいは発表順をどうするかなどを決めるために利用します。2つめは，学会参加者に情報を与えることです。

　要旨の作成は，以下の問いに答えるつもりで行うとよいでしょう。
①何についてのプレゼンなのか。
②この研究はどこがおもしろいのか。
③同様な研究テーマにおいて，どんな成果が他の研究者によってすでに示されているのか。
④どのような課題や挑戦が残っているのか。答えの出ていない問題は何か。
⑤この研究であなたは何を成し遂げたのか。
⑥この研究における最大の成果は何か。
⑦その成果はなぜ重要なのか，あるいは，あなたの研究はどのような意味を持つのか。

　上記の7項目のうちのいくつかを省略する場合もあるでしょう。また，それぞれの項目が同じ分量を占める必要はありません。1文にも満たない説明で十分な項目もあれば，詳細に説明すべき項目もあります。さらに，要旨の中で2回登場する項目もあります。要旨の中での項目の順番について，厳密なルールはありません。

　また，要旨そのものにも，さまざまなフォーマットがあります。図を入れた1ページの要旨を求める学会もあれば，半ページで文字のみの要旨を求める学会もあります。学会によってそれぞれ規則があるので，その学会の指定に従ってください。図を入れた1ページの要旨の例を右ページに紹介します。上記の7項目を確認してみてください！

［解答例］
①："Structure formation….and forming it." ／ "Flowering plants … wrinkled."
②："From the viewpoint …..pathways."
③："Wrinkling is … lateral force." ／ "PMMA is known to … electron beam [3]."
④："But on curved surfaces, this wrinkling has not been observed."
　　（①〜③："A lateral force ⋯. hard materials [2]."）
⑤：Here we propose a new method for producing and controlling surface wrinkle

patterns."

⑥ : "We use...constant." ／ "Thus, the polymer particle shrink, leading to a force perpendicular to the particle surface that then produces the wrinkles."

⑦ : "With this method ...-scattering materials."

Nanodimples on Microparticles

Olaf Karthaus[1], Kogaku Daigaku[1], Antje Deutschland[2]

[1] Chitose Institute of Science and Technology, Bibi 65-758, Chitose 066-8655, Hokkaido, Japan
[2] Eine Universität Deutschland, Hokkaidostr. 3, 12345 Stadt, Germany
E-Mail address: kart@photon.chitose.ac.jp

Structure formation in biological tissues is an important topic in biology. Gene expression is of course the underlying mechanism in which the genetic information is transformed into chemical cues, but during growth and differentiation, physical forces also may act on the biological tissues, shaping and forming it. From the viewpoint of material science, it would be interesting to see if similar surface structures could be formed by non-biogenic pathways.

Flowering plants use pollen to transfer DNA from the anther to the pistil of a flower. There is an estimated number of 400,000 plant species and each species has it's specific pollen with a highly distinctive size, shape and surface structure [1]. Of the many different types of surface decorations, several pollen surfaces look as if the pollen particle is wrinkled. Wrinkling is a well know phenomenon that is caused by compressive stress in polymer films. In planar samples, wrinkles can be produced by simply applying a lateral force. But on curved surfaces, this wrinkling has not been observed. A lateral force in a film corresponds to a tangential force in spherical particles. This force can be induced by shrinking the bulk material of the sphere that has been covered with a thin skin-layer of a hard material [2]. Here we propose a new method for producing and controlling surface wrinkle patterns. We use spherical PMMA microparticles that are covered with a thin metal layer by vacuum sputtering. The thickness of the metal layer can be controlled by sputtering time, when the other parameters, such as electrical current and sample position is kept constant. PMMA is known to decompose upon irradiation with an electron beam [3]. Thus, the polymer particle shrinks, leading to a force perpendicular to the particle surface that then produces the wrinkles.

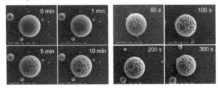

Figure 1: Temporal development of the wrinkle pattern during irradiation (left). Dependence of the wrinkle pattern on the sputtering time of the metal coating (metal layer thickness).

With this method we are able to produce a variety of wrinkle patterns with various dimensions that might be useful in photonics applications, such as highly light-scattering materials.

References
1. http://www.paldat.org
2. D. Breid, A. J. Crosby: Curvature-controlled wrinkle morphologies, *Soft Matter* (2013) **9**, 3624.
3. M. Tabata, J. Sohma: Degradation of poly(methyl methacrylate) by ionizing radiation and mechanical forces, *Developments in Polymer Degradation Vol. 7*, ed. by N. Grassie, Springer (1987), pp. 123-163.

図39−1 要旨の例

STEP 40 要旨（アブストラクト）の書き方2 ——短い要旨の場合

　学会でも学術論文と同様な非常に短い要旨が求められる場合があります。短い要旨の場合，前のSTEP 39で説明した7項目すべてを詳しく説明することはできないため，ひと目で読者を引きつけるようなものでなければなりません。新聞記事の見出しと考えればよいでしょう。こうした場合には，展開順を逆にしてもよいのです。すなわち，あなたの研究成果から始めて，その後どのようにしてそれを達成したかを述べてください。

　私は「科学はサスペンス映画ではない」とよく学生に話します。あなたの歳月をかけた努力の賜物である「衝撃的なビッグニュース」により，要旨の読者を最後までドキドキさせたいという誘惑に駆られるのはわかりますが，「シンプル・イズ・ベスト」であり，「第一印象」が重要なのです。

　思い出してみてください。要旨を書き始めようとしたとき，読者の注目が欲しい，すなわち，あなたの要旨を読んだ読者に，口頭発表あるいはポスター発表に来てほしいと思いましたよね。何百人とまではいかないまでも，何十もの人と，要旨の段階で，ある意味競っているのです。学会参加者は，あなたの要旨以外にも，たくさんの要旨を読みます。ですから，注目してほしい結果を文章の終盤に配置することは，この目的を達成するのにふさわしいやり方ではありません。

　以下では，要旨の質が向上していくプロセスを段階的に見ていきます。

⑴ 不慣れな書き手による第1次原稿：最大の間違いは「繰り返し」

Chitosan is a semi-natural polymer that contains amino groups. Chitosan can be produced by hydrolysis of the acetamide groups of chitin with NaOH. Chitosan is soluble in acid. Alginic acid is also a natural polymer. Alginic acid contains carboxylic acid groups. Alginic acid is readily available from sea weed. Alginic acid and chitosan aqueous solutions were mixed and a precipitate was formed. This precipitate was collected and dried to give opaque films. When the films were scratched, they showed self-healing properties. (81 words)

⑵ 上達の第1段階：繰り返しは，文章を結合することによって解消する

Chitin is a natural polymer containing acetamide groups that can be hydrolyzed by NaOH. The resulting chitosan is soluble in acid. Alginic acid, obtained from sea weed, contains carboxylic acids groups and thus is also soluble in water. Alginic acid and chitosan aqueous solutions were mixed and a precipitate was formed. This precipitate

was collected and dried to give opaque films. When the films were scratched, they showed self-healing properties. (70 words)

⑶ 上達の第2段階：おもしろいキーワード（ここでは self-healing）は前に上げる

Mixed films of chitosan and alginic acid are shown to exhibit self-healing properties when scratched. These films can be obtained by drying the precipitate that formed when aqueous solutions of the polymers were mixed. Alginic acid is a natural polymer found in sea weed, and chitosan is obtained from the alkaline hydrolysis of chitin. (54 words)

　最終版の原稿では，第1次原稿，第2次原稿で述べられていたいくつかの情報が明らかに省略されていますが，次のもっとも重要な情報は伝えることができています。

- self-healing
- film formation of a precipitate
- mixing of aqueous solutions
- natural polymers

　もっとも重要な情報を最初に移動し，内容を凝縮することで，第1次原稿と最終版の原稿では単語数を81から54へ，3分の2に減らすことができました。

発音1
──単語の発音

　私は日本人が英語を話すのが上手ではない1つの理由はカタカナの使用にあると考えています。日本人は英語発音にカタカナで読みを与えることが多いと思いますが，正しい発音はカタカナにおける聴覚情報と相関していません。ここでは，日本の多くの英和辞典に載っているJones式発音記号を用いて（世界的には国際音声記号(IPA)が多用されています）を用いて科学的な英単語の発音についてお話しします。

　カタカナと英語での発音で違う典型例は，"chemistry"とケミストリー，"polymer"とポリマーの2つです。右ページの表のとおり，chemistryはカタカナで読むとしたら「ケマァストゥリィ」，polymerは「パァリィマァ」となります。"fullerene"とフラーレンはかなり違います。フラーレンという名前の由来であるFullerは，カタカナで読むとしたら確かにフラーですが，Fullereneは第一音節に強勢を置くのです。そして，最終音節は「リーン」であって「レン」ではありません。

　"penicillin"はペニシリンでなく，カタカナを当てるとしたらペネシリンのほうがまだ正しいです。実際は「ペェナァシィリィン」です。これは，ペニシリンがドイツ語で「ペニツィリン」として表記されるためで，科学で使われる多くの外来語がドイツ語を語源としていることの名残です。"pyruvate"と「ピルベート」（ピルビン酸の陰イオン），"vitamin"と「ビタミン」，"ethyl"と「エチル」は，まさにドイツ語発音が残っている「カタカナ語」の典型例です。

　また，人名や地名は，本当の発音とカタカナ語ではかなり違っていることがあります。ドイツの都市"Dortmund"は，カタカナでは「ドルトムント」が当てられますが，発音は｜dórtmənd｜ですので，むしろ「ドアトムンド」のほうがオリジナルに近いです。"Sydney"は｜sídni:｜であって，「シドニー」ではありません。カタカナ語で言うと，ネイティブの方は"I visited Shidonee university."のように聞き取ってしまいます。有名な科学者"Louis Pasteur"は「パスツール」ではなく「パァスタァー」，彼が発明した殺菌法"pasteurization"は「パスツリゼーション」ではなく「パァスチャリィゼェイシャン」です。

　最近，多くの機械翻訳ツールや翻訳サイトには，発音を聞ける機能があるので発音をチェックするのに効果的ですが，もっと重要なのは，正確な発音で声をあげて，明瞭に何度も何度もそのフレーズを繰り返し練習することです。

　もちろん，英語とカタカナ語で完全に異なるものもたくさんあります。元素記号の

"Na"は"sodium"であり，"natrium"「ナトリウム」ではないのですが，プレゼン中にナトリウム・クロライドと言っている日本人もいます。同様に，"K"は"potassium"であり，"kalium"「カリウム」ではありません。

| 表41-1 | 誤りがちな発音の例

単語	発音記号	○	×
chemistry	kémestri	ケェマァストゥリィ	ケミストリー
polymer	pálimər | póli-	パァリィマァ | ポリィ-	ポリマー
kinetics	kainétiks | kʌi-	カイネェティィクス	キネティクス
synthesis	sínθəsis	シィンサァシィス	シンセシス
methane	méθein | mí:θ-	メェセェィン | ミー-	メタン
ethane	éθein	エセェィン	エタン
ethyl	éθəl	エサァル	エチル
acetone	ǽsetòun	アサァトォゥン	アセトン
acryl amide	əkríləmàid	ァクリルェマイド	アクリルアミド
biotin	báiətin	バァィアティィン	ビオチン
glycol	gláikɔ:l | -kɔl	グラァィコォール | -コォル	グリコール
fullerene	fúlərì:n	フゥラァリィーン	フラーレン
penicillin	pènəsílin	ペェナァシィリィン	ペニシリン
pyruvate	pairu:veit	パイルヴェイト	ピルベート
vitamin	váitəmin | vítəmin	ヴァィタァミィン | ヴィトゥミィン	ビタミン
mitochondria	màitəkándriə | -kɔn-	マァィタァカァンドゥリィア | -コォン-	ミトコンドリア
cation	kǽtàiən	カァタァティアン	カチオン
anion	ǽnàiən	アナァィアン	アニオン
genome	dʒí:noum, -nam | -nəm	ヂィーノォゥム | -ナァム | -ノォム	ゲノム
peptide	péptaid	ペェプタァィドゥ	ペプチド
protein	próuti:n	プロォゥティィーン	プロテイン
polyethylene	pàliéθəlì:n | pɔ̀liéθəlì:n	パァリィエサァリィーン | ポォリィエサァリィーン	ポリエチレン
polypropylene	pàlipróupəlì:n | pɔ̀liprɔ̀upelì:n	パァリィプロォゥパァリィーン | ポォリィプラァゥパァリィーン	ポリプロピレン
pasteurization	pæstʃərizéiʃən	パァスチャリィゼェィシャン	パスツリゼーション
Pasteur	pæsté:r	パァスタァー	パスツール
Dortmund	dórtmənd	ドアトムンド	ドルトムント
Sydney	sídni	シィドゥニィ	シドニー
Brazil	brəzíl	ブラァズィル	ブラジル
Poland	póulənd	ポォゥラァンドゥ	ポーランド
Sweden	swí:dn	スゥィードゥン	スウェーデン
Singapore	síŋgəpɔ̀:r	シィンガァポォー	シンガポール

発音2
——文章の発音

STEP 42

　日本語はごくわずかな例外はあるものの，非常に規則的な発音をもっています。ひらがなの50音は，ほぼすべての事例で同じように発音されます。ですが，英語はそうではありません。単語の発音には規則性がないように感じられるほどです！　いえいえ，規則性がないわけではなく，規則性はあるものの，状況により変化し，多くの例外があるのです。

　英語の会話文では，特に単語の後ろの音節はしばしば聞こえなくなるか，次の単語とつながって発音されます。ですから，教科書で学んだような，いわば日本式の発音で英文を読むと，英語としてはとてもおかしなことになります。

　たとえば接続詞の"and"は，日本式の発音では「アンド」ですが，実際はdを発音しない「アン」のほうが近いです。単位の"meter"は，日本式の発音では「メートル」ですが，実際は「メート」となります。

　以下に，文章における例を示します。文章では，全単語の語尾が聞こえないか，次の単語とつながります。

［例文］
• Semiconductors are widely used in photonics and electronics.

［実際の音］
"Semiconductor sa ~~re~~ widely use din photonic san delectronics"

○「セミコンダクター・サー・ワイデュリ・ウズ・ディン・フォトニク・サン・デレクテュロニクス」

×「セミコンダクターズ・アー・ワイドリー・ユーズド・イン・フォトニクス・アンド・エレクトロニクス」

［例文］
• Titanium dioxide is a good photocatalyst.

［実際の音］
"Titanium dioxi deis a goo~~d~~ photocalalyst"

「タイテニウン・ダイオクサイ・ディサ・グー・フォトカタリュス」

［例文］
• PDMS can form droplet patterns not only on glass, but also on silicon wafers.

［実際の音］
"Pee-Dee-Em-Es can form droplet patterns notonly on glass butalso on silicon wafers"

「ピーディーエメス・カン・フォーン・デュロプレット・ペテーンズ・ノトンリ・オングラス・バトルソ・オン・シリコン・ウェファーズ」

［例文］
- The dewetting of an evaporating solution is used to form micrometer-sized droplets on substrates such as glass, mica or ITO.

［実際の音］
"The dewettingovan evaporating solution is usedto form micrometer-sized droplets on substrates suchas glass, mica or Ai-Tee-Ou"

「ザ・ディウェッティンゴバン・エヴァポレーティン・ソルション・イズ・ユーズテュフォーン・マイクロミターサイズ・デュロプレツ・オン・サブステュレイツ・サチャーズ・グラス・マイカ・オア・アイティーオー」

［例文］
- Once a wrinkle is formed, it does not change in position or in width, but it becomes deeper with ongoing irradiation.

［実際の音］
"Onesa wrinkleis formed, itdas nochange in positio nor in width, butit becomes deeper with ongoing irradiation"

「ヲンサ・リンケリス・フォームデュ・イタズ・ノチェーンジュ・イン・ポジショ・ノア・イン・ウィデュズ・バティテュ・ビカムズ・ヂーパー・ウィ・ゾンゴイグ・イラディエイション」

［例文］
- Shifts in climate will alter not only the size of individual rain events, but also the length of the dry interval.

［実際の音］
"Shiftsin climate will alter notonly the sizof individual rain events, butalso the length ofthe dry interval"

「シフツイン・クライメット・ウィル・オルター・ノトンリー・ザ・サイゾフ・インディヴィデュアル・レイニヴェンツ・バトルソ・ザ・レングス・オフザ・ドライ・インターヴァル」

［例文］
- The particles have a diameter of 10 nanometer.

［実際の音］
"The particles hava diameet of ten nanomeet"

「セ・パーティコルス・ハバ・ダイアミート・オフ・テン・ナノミート」

　発音についての感覚を養うためには，youtubeなどで音声教材を聞きましょう。まずは，自分の好きな話題と自分に合ったスピードの話し手を見つけてください。同じ教材を数回聞けば，その話はどんどん理解できるようになっていくはずです。

数式や単位の読み方を身に付けよう

STEP 43

　数学は世界共通の言語ですが，プレゼンの際には言葉へ言い換える必要があります。数学記号は誰でも書くことができ，日本語では発音の方法を知っていますが，英語ではどう発音するのかを知っておくべきです。プレゼンの中で，単位あるいは数式を声に出して読む必要が生じることがあるでしょう。もっとも重要な例を以下に紹介します。

- $0.23\ \mathrm{nm}^2$　　　　"zero point two three square nanometer"
　　　　　　　　　　　　(zero point two three nanometer squared)
- $1073\ \mathrm{N\cdot m}$　　　　"one thousand seventy three newton meter"
- $0.03\ \mathrm{m/s}^2$　　　　"zero point zero three meter per square second"
- $3\times10^9\ \mathrm{V\cdot m}$　　　"three times ten to the nine volt meter"
- $1.034\times10^{-6}\ \mathrm{m/s}$　"one point zero three four times ten to the minus six meters per second"（正しくは "ten to the minus sixths power" なのですが，このように言われることはめったにありません）
- $3/8$　　　　　　　　"three eighths"
- 2^3　　　　　　　　"two to the power of three"
- $\log_{10}1000=3$　　"the common logarithm of one thousand equals three"
　　　　　　　　　　　　(the logarithm to the base of ten of one thousand equals three)

　m^n（mのn乗）において，mが底，nがべき指数ですが，英語で底は "base"，べき指数は "exponent" と呼ばれます。べき指数が0〜1であるとき，"exponent" は "roots" として表されます。たとえば，$4^{1/2}=\sqrt{4}$ は "root four" です。あるいは，"square root of four" と言われることもあります。$\sqrt[3]{4}$ は "cubic root of four" です。それ以外については，$\sqrt[x]{n}$ であれば "x-th root of n" と呼ばれます。

　対数はlogと書かれ，"logarithm" と発音されます。対数関数の底も英語では "base" です。もっともよく使われる3つの対数は2，10，ネイピア数 "e" が底であるものです。底が2の対数は "binary logarithm"（二進対数），底が10の対数は "common logarithm"（常用対数），底がeの対数は "natural logarithm"（自然対数）と呼ばれます。

積分公式は，次のように発音されます。

- $\ln t = \int_1^t \frac{1}{x}\,dx$

⇒ "The natural logarithm of t equals the integral of one over x dx from one to t."

和の記号Σは "sum" と発音されます。

- $\sum_{k=1}^n \frac{1}{k}$

⇒ "The sum of one over k for all numbers k between one and n."

4つの基本的な数学演算（加減乗除）の読み方は，以下のとおりです。
- $2+2=4$　　"Two plus two equals four."
　　　　　　　"The sum of two and two is four."

- $10-4=6$　"Ten minus four equals six."
　　　　　　　"The difference of ten and four is six."

- $3 \times 4 = 12$　"Three times four equals twelve."
　　　　　　　"The product of three and four is twelve."
　　　　　　　"Three multiplied by four equals twelve."

3×4 において，3と4は "factors"（因数），積である12は "product" と呼ばれます。

- $80/4 = 20$　"Eighty divided by four equals twenty."

80は "numerator"（分子），4は "denominator"（分母）です。「÷」は国際標準化機構 (International Organization for Standardization, ISO) の取り決めにより，使用は推奨されていません。比を表す「：」も同様です。

不等式は以下のように読まれます。
- $3 > 2$　　　"Three is larger than two."
　　　　　　　"Three is greater than two."
　　　　　　　"Three is more than two."

- $150 \gg 2$　"One hundred fifty is much larger than two."

- $5 < 8$　　　"Five is smaller than eight."
　　　　　　　"Five is less than eight."

- $A \leq B$　　"A is smaller than or equal to B."
- $A \cong B$　　"A is approximately equal to B."

コラム

省略語の発音

　省略語の発音は日本と海外で異なることが多く，プレゼンにおいてよく問題となります。酸性度を表すpHは「ピーエイチ」と発音されます。「ペーハー」とは言われません。ペーハーはドイツ語読みです。DNA（デオキシリボ核酸）はカタカナで表現すれば，「ディイエネィ」です。「ディー・エヌ・エー」ではありません。ATP（アデノシン三リン酸）は「エイ・ティー・ピー」，PMMA（ポリメタクリル酸メチル）は「ピーエメメイ」（ピー・エム・エム・エーではなく）と読みます。

　また，省略語の多くは英単語のように発音されます。研究においてよく用いられる高分子材料であるPNIPAM，正式名poly（*N*-isopropylacrylamide）は，「プェニーパム」と読まれます。「ピー・エン・アイ・ピー・エイ・エム」とは読まれませんし，「プニパム」などとも読まれません。OLED（organic light emitting diodes：有機LED）は「オレッド」と読み，「オー・エル・イー・ディー」とは読まれません。AIDS（エーズ），BINAP（ビネァプ：ビナフトールの略），MALTI-TOF（マルディタフ：マトリックス支援レーザー脱離イオン化飛行時間型の略），PEG（ペグ：ポリエチレングリコール），PET（ペット）も同様です。

　多くの機器分析法は省略されますが，MS（質量分析法）は「エム・エス」と読み，「マス」とは読まれません。同様にGC（ガスクロマトグラフィー）は「ジー・シー」，AFM（原子間力顕微鏡）は「エイ・エフ・エム」，STM（走査型トンネル顕微鏡）は「エス・ティー・エム」，IR（赤外分光法）は「アイア」と読みます。一方，SNOM（走査型近接場光学顕微鏡），SEM（走査型電子顕微鏡），TEM（透過型電子顕微鏡）はそれぞれ「スノム」，「セム」，「テム」と読まれます。

　もし，自分で新たに開発した測定法や新たに合成した化学物質を省略名で表現したい場合には，簡単に発音できる頭字語を選ぶとよいでしょう。たとえば，*β*-Bromo-4-Fluoro-styreneおよび*β*-Chloro-4-Fluoro-styreneという化学物質は，それぞれBrF-St（ビーアールエフエスティ），ClF-St（シーエルエフエスティ）と略され，Bromo-FoS（ブロモフォス）やChloro-FoS（クロロフォス）とは呼ばれません。これは発音も記憶も非常に楽だからです。

単語	発音記号	○	×
pH	pi:éitʃ	ピーエイチ	ペーハー
DNA	díènéi	ディイエネィ	ディー・エヌ・エー
PNIPAM	pəní:pam | pənǽipam	プェニーパム	プニパム
AIDS	éidz	エーズ	エイズ
BINAP（ビナフトールの略）	binǽp | bain- | bæin-	ビネァプ	ビナプ
MALDI-TOF	malditaf	マルディタフ	マルディトフ
jpg	dʒeipeg	ジェイペッグ	ジェイペグ

スライド・ポスターが作成でき，セリフが準備できたら，発表本番を意識した練習をしましょう。レーザーポインターやマイクの使い方における注意点などについてお伝えします。

テクニカル・スキル編❸

セリフ以外の練習

レーザーポインターの使い方を練習しよう

　口頭発表でのプレゼンの最中は，あなたが今，スライドのどの部分について説明しているかを指し示さなければいけません。この目的のために，昔は棒（指示棒）が使われていましたが，現在はほぼレーザーポインターにとって代わられました。以前は赤色のレーザーポインターだけしかありませんでしたが，視認性の高い緑色も一般的となっており，さらには青色のレーザーポインターも存在します。ビームのサイズと形（点，線，円）を変えられるものもあれば，スライドを進めたり戻したりできるボタンを備えているレーザーポインターもあります。

　プレゼンの前には，実際に発表用のレーザーポインターを使ってみて，慣れておいてください。電池が切れている場合もありますので，レーザー光がきちんと出ているかどうかを，床や手のひらに当てて確認してください。スライドの切り替え機能があるレーザーポインターを使用する場合は，正しいボタンを使えるように練習してください。（私も含めて）多くの発表者は，レーザーポインターを動かすときに，うっかり違うボタンを押して，次のスライドに飛ばしてしまった経験があると思います。

　レーザー光の見やすさは，色や出力，スポットサイズだけでなく，スライドを投影するスクリーンの材質にも影響されます。注意してほしいのですが，スクリーンの材質が光を散乱させるものであるときにしかレーザー光は見えないのです。私は以前，100インチの大きなテレビ画面をスクリーン代わりに使う学会に出たことがあるのですが，テレビ画面は光を散乱しないため，レーザー光が見えないだけでなく，レーザー光をテレビ画面が反射し，聴衆の目にレーザービームを当ててしまう危険性がありました。プレゼン用のソフトの中には，ポインターの働きをする点や矢印をマウスでコントロールできるものもありますので，場合によってはこうした方法も利用してください。

　レーザーポインターはその名のとおり，「点」を指し示すための道具です！　図44-1の左側のように，レーザー光をグルグル回して，スクリーン上に円を描いたりしないでください。なぜ多くの人たちはレーザー光をグルグル回してしまうのでしょうか？それは緊張を隠したいからです。手が震えるとレーザーポインターはその震えを増幅します。手の震えは練習によって克服するしかありません。でも，レーザーの点の「ブラウン運動」を抑えるためにできることが実はあるのです。それは両手でレーザーポインターを持つ，あるいは持っている手の手首を腰に固定するという方法です。試してみれば，レーザーの点が前よりずっと安定するとわかるはずです。

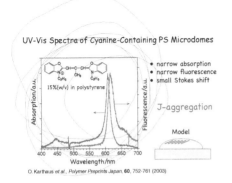

UV-Vis Spectra of Cyanine-Containing PS Microdomes

- narrow absorption
- narrow fluorescence
- small Stokes shift

15%(w/v) in polystyrene

J-aggregation

Model

O. Karthaus et al., *Polymer Preprints Japan*, **60**, 752-761 (2003)

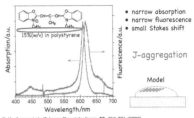

UV-Vis Spectra of Cyanine-Containing PS Microdomes

- narrow absorption
- narrow fluorescence
- small Stokes shift

15%(w/v) in polystyrene

J-aggregation

Model

O. Karthaus et al., *Polymer Preprints Japan*, **60**, 752-761 (2003)

|図44-1| レーザーポインターの軌跡の例

スクリーン上でのレーザーの軌跡の震えは，手の震えにより増幅される。左側の図のように，レーザーの軌跡がゆらいでしまうと，聴衆はどこを見るべきかわからなくなってしまう。なお，線の太さはレーザーの点の移動速度を示しており，太いほどゆっくりであることを意味している。

マイクを正しく使えるようにしよう

STEP 45

　マイクは，プレゼンの前にチェックすべきもう１つの重要な器材です。まず，スイッチのオン・オフの方法を確認してください。できれば，リハーサルの間にそのマイクに慣れておくことが望ましいです。マイクを上手に使うには練習が必要です。マイクにはスタンドマイク，ハンドマイク，ピンマイク，ヘッドマイクの４種類のタイプがあり，それぞれに長所と短所があります。

スタンドマイク
長　所：両手が使えるので，レーザーポインターの操作や，PC上でのスライド切り替えの操作を自由に行える。
短　所：ちょうどよい高さにする必要がある。非常に背が高いもしくは低い人にとっては変な姿勢になる可能性がある。また，ステージ上で自由に移動できない。

ハンドマイク
長　所：ステージ上で自由に移動できる。口とマイクの距離をスピーカーからの声の聞きやすさに応じて自由に調節できる。
短　所：レーザーポインターの操作や，スライド送りを片手で行わなければならない。
注意点：口の真正面にあたる位置にマイクを持たないこと。そのようにしてしまうと，呼吸するたびに，ジャマな雑音が入る。ハンドマイクは，あなたのあごに触れる位置で，口に近いけれど息はその上を越えていくように持つのが最適な位置。

ピンマイク
長　所：ステージ上を自由に移動でき，レーザーポインターの操作や，スライドの切り替えも自由に行える。
短　所：きわめて慎重にマイク位置を調節する必要がある。また，ピンマイクはジャケットの襟に付けているため，顔が向く方向で聞こえ方が変わってしまう。
注意点：スイッチを入れるのはマイクを装着した後にしないと，不快なカシャカシャした音が聞こえてしまうので注意が必要。腕で服やネクタイをこすると，その音をマイクが拾って雑音が入ることがある。ステージを去るとき，マイクを取り忘れないように注意が必要。プレゼンの後，すべてがうまくいったと安堵して，完全にマイクのことを忘れたままステージから急いで去ることがあるが，最悪の場合，まだ聞こえている状態で，誰かにプライベートな話をしてしまうかもしれない！

ヘッドマイク

長　所：ステージ上で自由に移動でき，レーザーポインターの操作や，スライドの切り替えも自由に行える。顔の向きが変わってもマイクと口の位置を気にしなくてよい。

短　所：装着にある程度時間がかかる。

注意点：頭のどこか，または首に付けることで髪型に影響を与える可能性がある。しっかり装着しないとはずれてしまい，プレゼン中に再調整が必要になり，聴衆の迷惑になる。また，ステージを去るときに，マイクを取り忘れないよう注意が必要。

　こうしたマイクを利用したときの短所から，マイクなしで発表すると決めている人もいます。その場合は当然大きな声が必要ですし，プレゼン中ずっとその音量で話し続けなくてはなりません。マイクを使わない場合は，聴衆に向かって，

"For the people in the back, wave your hand if you can hear my voice."
「うしろの皆さん！　私の声が聞こえたら手を振ってください！」

と呼びかけてください。もしあなたがジョーク上手なら，

"For the people who cannot hear my voice, wave your hand."
「私の声が聞こえない方，手を振ってください！」

でもよいです。誰かが手を振ってくれたら，

"Thank you! But how can you wave your hand when I asked the people who cannot hear my voice to wave?"
「ありがとうございました！　しかし，聞こえてないのにどうして手を振るよう頼んだとわかったんですか？」

と尋ねたりするのもグッドです。ジョークをわかってくれる聴衆なら，その場が和むかもしれませんよ！

STEP 46　学会出発前にスライドを最終確認しよう

　学会への出発前に，スライドの数と順序を最終確認しましょう。当然ですが，スライドはプレゼンの進行順にしておきましょう。たとえ前のスライドで見せたことを振り返るために前のスライドを示したい場合でも，スライドのコピーを後ろに挿入しておいてください。スライドの逆戻りボタンを使う人もいますが，これはお薦めできません。

　また，自分の発表にかかる時間を入念に確認しておいてください。まわりの人に全体の発表時間だけでなく，それぞれのスライドの発表に何秒かかったかも計測してもらうのがベストです。STEP 8でお話ししたように，1つのスライドにかける時間は40〜100秒の範囲内にしておきましょう。

　また，人は緊張すると普段よりも早く話す傾向があるということを考慮しておいてください。一方で，もし緊張によりプレゼンの内容を忘れて行き詰まったりすると，すでに話したことを繰り返したりして時間が延びてしまうという可能性もあります。途中で見失っても，うろたえないでください。ちょっと深呼吸をして，スクリーンに集中し，キーワードを見てください。そのためのキーワード形式（STEP 16）であり，スライドにすべての情報を載せること（STEP 24）がとても重要なのです！

　もしあなたがとても話し上手なら，この予想外の沈黙を特別な演出であるかのようにふるまって切り抜けることもできますが，ただ正直に，

"I am sorry, I am very nervous."
「すみません，とても緊張していまして」

と言ってプレゼンをまた続ければ大丈夫です。

ホテルの予約

　海外に限らないことですが，学会に参加するためにホテルに宿泊する必要がある場合は，学会の会場に近いホテルに宿泊することをお薦めします。外国では公共交通機関やタクシーを呼ぶ方法がよくわからないでしょうから，歩いて会場へ行ける範囲がベストです。

　僻地で行われる学会や，リゾートホテルで行われる学会もあるでしょう。そうした場合は，現地にただ1つしかないホテルを予約せざるを得ないことも考えられます。

　多くの学会では，学会会場近隣のホテルと契約し，学会参加者用に一定数，割引料金でホテルを提供しています。また，学生のために，安い学生寮の二人部屋や多床室を提供してくれる場合もあります。ただし，まずはインターネットのホテル予約サイトをチェックするのが良策です。私の経験ですが，まったく同じホテルの同じタイプの部屋なのに，学会の割引料金よりもインターネットのホテル予約サイトのほうが安いことがありました！

ディスカッション・タイムを楽しもう1 ——質問を予想する

あなたがもっとも恐怖を感じる時間「ディスカッション・タイム」を乗り越える助けになるであろう裏ワザをお教えしましょう。この裏ワザは，プレゼンのとき，あなたと座長の両方の役に立つはずです。このテクニックを使うにはそれなりの経験が必要ですが，準備次第では，はじめてのプレゼンであっても，うまくディスカッション・タイムを乗り越えられるかもしれません。スライドの段階および発表練習の段階で，質問を予想するのです。

たとえば，私が"Dewetting of dilute polymer solutions"『希薄高分子溶液のデュウェッティング』について話したとき，多くの聴衆が，dewetting patterns（デュウェッティングのパターン）がポリマー溶液の濃度にどのような影響を受けるのか疑問を持つだろうと思いました。それであえて私は，ポリマー溶液の濃度の影響を調べるために行った実験についてプレゼンの中では触れないことにしたのです。プレゼン後の最初の質問はやはり「他の濃度ではどうなるか教えてもらえますか？」でした。私にとって期待どおりの質問でした。その答えをすでに準備してあるのですから！　しかも見せるスライドも準備済みでした。この質問のハードルを越えてからは，ディスカッション・タイムは私にとって楽勝でした。

すなわち，私の推奨する裏ワザは以下のとおりです。

- プレゼンの前に，おそらくされるであろう質問について考えておく。
- 周囲の人たちに，どんな質問をするか尋ねてみる。
- あなたのプレゼンの内容から重要な情報の一部をカットし，誰かがそれについて質問することに賭ける。

私は，たいていの人は両極端の場合について考えるということもわかりました。たとえば，異なる大きさのポリマー微粒子を作製したことを発表した場合，「作製できる微粒子の最小サイズはどれくらいですか？」と質問されるかもしれません。こうなればお互い，win-winの良い状況です。聴衆から質問がないとディスカッション・タイムを乗り越えるのは困難になる可能性があるので，最初に明確な質問を受ければあなたの勝ち。よって，座長にとっても勝ち，そして，聴衆もあなたの話からもう1つの情報を得たので勝ちとなるのです。

| 図47-1 | ディスカッション・タイム用に準備したスライドの例

プレゼン用のスライドとは異なり，デザイン的に見劣り，地味な印象を与えるスライドだが，質問者からの質問に答えるという目的のためには，これで十分である。

STEP 48 ディスカッション・タイムを楽しもう2 ──ディスカッション・タイム用のスライドを準備する

プレゼンに使用するスライド以外に，プレゼンでは紹介しなかった補足的な情報を載せたスライドも準備しておくと役に立つことが多いでしょう。質問をした人にとっても，質問に答えるあなたにとっても，そのようなスライドがあれば，言葉だけでなく視覚情報も提供できて有益ですし，聴衆もあなたがプレゼンだけではなくディスカッション・タイムの準備もしているとわかって，あなた・質問者・聴衆の三者win-win-winの状況を作れます。そうしたスライドをプレゼン用のスライドと同じファイルの後ろのほうに入れておけば，別のファイルを開くための余計な時間がかからずに済みます。

前のSTEP 47でお話ししましたが，どんな質問をされるかは予想しておいたほうがよいですので，聞かれる可能性のある質問のためにスライドを準備しておくのは当然ともいえるでしょう。たとえば，濃度依存性やサンプルの調製条件についての質問が予想されるなら，そのデータを示したスライドを準備しておきましょう。

また，学術論文の付加情報（supporting information）部分と同様，自分の実験条件の詳細や細かすぎて話さない実験データのスライドが必要になるかもしれません。あなたの分野のエキスパートが，あなたのデータや分析方法の詳細について尋ねてくることもありえます。そのような場合に，ディスカッション・タイム用に準備したスライドを示せば，聴衆はそのデータを理解しやすくなります。そのような細かいスライドではデザインはさほど重要ではなく，あなたの論文の一部からコピーしたグラフや表，合成スキームが載っていれば十分でしょう。

あるいは，多少わざとらしいですが，プレゼン中に

"I will not talk about the details here, because I do not have enough time, but if you have a question about this, I can show some extra slides during the discussion time."
「時間がないので，ここでは詳細について話しませんが，もしご質問があればディスカッション・タイムでスライドをお見せいたします。」

と言っておくのもよいでしょう。

はじめて会う外国人への自己紹介の方法１

　日本や諸外国には組織の階層構造や敬語は存在します。しかし，英語はそんなに極端ではないと思います。自分より目上の方と話すときは，第一に礼儀正しく話してください。教授には, "Professor"または "Doctor"をつけるべきです。その人物がくだけた話し方になったときに，あなたも合わせればよいのです。自分と同じ年頃の人々には，形式ばらずに自己紹介したらよいと思います。

　いくつかの会話パターンを以下に紹介します。

［学会発表の後：相手は同年代］

"Hi, I am Yoshi from Kyushu in Japan. I listened to your talk. That was pretty good. We are working in the same field as you. I have a poster presentation tomorrow. Why don't you drop by and I can show you our results?"

［懇親会などでのやりとりの例：相手は教授］

"Good evening, Professor Smith. Thank you very much for your very interesting talk today. May I introduce myself? I am Keisuke Tanaka. I study chemistry at Hokkaido University, and I am very much interested in your research."

"Nice to meet you, Keisuke. Call me John. Please tell me more about your research. Do you have a poster or a talk?"

"My talk is tomorrow. It will be about novel copper catalysts for water splitting by visible light. It is at 10:30 in room B. I would be delighted if you could come."

　昔も今も，日本人の習慣として，ニックネームを利用する人が多いです。というのも日本の名前は英語圏の人々には発音しづらいと予想されるからです。

"Hi, my name is Yoshihiko Yamada, you can call me Yoshi."
"Hi, my name is Yoshihiko Yamada, please call me Yoshi."

これは，実はややわざとらしくもあります。もしかしたらその外国人はあなたの名前を難なく発音できるかもしれませんし，日本に何度も来たことがあるかもしれません。もしあなたの名前は言いづらくて，相手が困りそうだと思ったら，そういう状況を避けられるように，初めからニックネームだけで自己紹介してもよいと思います。

"Hi, my name is Yoshi, how are you."

STEP 49 ディスカッション・タイムを 楽しもう3 ——簡単な質問に対する回答例

　ここでは想定される「簡単な」質問に対して，ディスカッション・タイム用のスライドを用いて回答するのに役に立つ例をあげます。より難しい質問に対する回答の方法については，発展編でお話しします。

【質問】
"Thank you very much for your very interesting talk. You showed a roller apparatus for your sample preparation…."
「とても興味深いお話をありがとうございました。サンプル調製用のローラー装置を示されていましたが…」

（この質問を聞きながら，あなたはただちにもう一度その装置が載っているスライドを見せるのがよいでしょう。）

"… Can you tell us about the effect of the speed of the roller on the droplet size and pattern dimensions?"
「ローラーの速度が液滴サイズとパターンの寸法に与える影響について教えてください。」

　これこそ楽勝で答えられる質問ですよね。回答用のスライドを持っていない場合および持っている場合の回答は，それぞれ以下のとおりです。

【回答用のスライドを持っていない場合の回答例】
"Thank you very much for your question. Of course we have investigated the effect of the roller speed. I am sorry, I do not have a slide to show the results, but we can vary the droplet diameter from around two to ten micrometers. The faster, the smaller. This also depends on the polymer concentration. The spacing between the droplets gets larger with increasing roller speed."
「ご質問ありがとうございます。もちろん，ローラーの速度の影響は検討しました。申し訳のないことに，結果を示すスライドは持っていませんが，液滴の直径は約2〜10マイクロメートルまで変えられます。ローラーの速度が速いほど，液滴の直径は小さくなります。これはポリマーの濃度にも依存します。ローラーの速度を上げると，液滴間の間隔が大きくなります。」

【回答用のスライドを持っている場合の回答例】
"Thank you very much for your question. Of course we have investigated the effect of the roller speed. Here is a slide to show the results. The droplet diameter gets linearly

はじめて会う外国人への自己紹介の方法2

STEP 48のコラムの続きです。あなたの指導教官がラボに外国人の研究者を連れて来た場合は、まず指導教官がのように紹介してくれるはずです。

"This is Keisuke Tanaka. He is working on the ring opening polymerization of oxazolines. Tanaka kun, this is Professor Smith from Stanford."

その後、次のように自己紹介をしてください。

"Hello Prof. Smith, nice to meet you. I know your work very well. I am Keisuke Tanaka, I am in my second year master course and I study the effect of the monomer concentration on the molecular weight distribution."

握手に関しては、目上の方が手を差し出すまで待ちましょう。ほとんどの外国人は日本人が普段、握手しないことを知っているので、学生のあなたが先に手を差し出したら、ちょっと嫌な気分にさせるかもしれません。

smaller with increasing speed from around ten micrometers at 2 mm/min speed to six at 12 mm/min. This also depends on the polymer concentration, as you can see. The smallest droplets were 2 micrometers in diameter at concentrations of below 0.4 mg/mL. The next slide shows that the spacing between the droplets gets larger with increasing roller speed, but there is very little effect of the concentration."

「ご質問ありがとうございます。もちろん、ローラーの速度の影響は検討しました。これが結果を示すスライドです。液滴の直径は、速度が2 mm/minで約10マイクロメートル、12 mm/minに増加すると6マイクロメートルとなり、直線的に小さくなります。ご覧のように、これはポリマー濃度にも依存します。最小の液滴は、0.4 mg/mL未満の濃度で直径2マイクロメートルでした。次のスライドは、ローラーの速度を上げると液滴間の間隔が大きくなることを示していますが、濃度の影響はほとんどありません。」

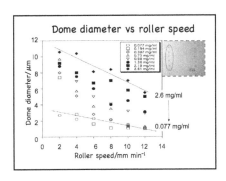
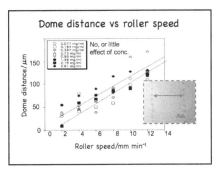

| 図49-1 | 質問に答えるためのスライドの例

左側はローラーの速度と液滴の直径の関係を示すグラフ、右側はローラーの速度と液滴間の間隔を示すグラフ。

コラム

海外で「チップ」はどうすればいい？

チップは，日本にはまずない習慣ですので，海外ではどうしたらよいか迷うことが多いと思います。タクシー運転手には最大で運賃の約10％の金額を概算で渡し，荷物の積み降ろしを手伝ってくれた場合はさらに金額を追加する，という感じです。たとえば，

タクシー料金が$12.45の場合，チップを$ 1.55加えて，$14渡す。
タクシー料金が$25.00の場合，チップを$ 2加えて，$27渡す。

ホテルでは，客室清掃員のために，枕の上に1ドル札（または現地通貨の相当額）を置くのが一般的です。ホテルに長期間滞在する場合は，毎日1ドルのチップを支払うと思っていてください。

レストランはその国によりますが，私はヨーロッパでは，非常に良いサービスだと思ったら約10％を渡すようにしています。たとえば，

会計が12.45ユーロの場合，チップを1.55ユーロ加えて，14ユーロ渡す。
会計が23.50ユーロで，残念ながらサービスが良くなかった場合，チップは0.50ユーロとして，24ユーロ渡す。

米国ではチップは国の文化に浸透していますので，状況は異なります。多少やっかいですが，一般的な経験則として，レストランなどで食事をする場合あるいはバーやラウンジで飲む場合には，チップを渡してください。ルームサービスで，何かを届けてもらったときも同じです。

もしホテルや空港で，荷物の積み下ろしを手伝ってもらおうとしたら，2，3ドルのチップは要ると思ってください。旅行のツアーガイドや，スパ，洗髪，ネイルサービスにチップ（1時間あたり$1程度）は必要です。

しかし，あなたが見知らぬ人から親切を受けたり，公共交通機関に乗るときにはチップ不要です。ファーストフード店やセルフサービスのレストランの場合も同様にチップは不要です。ウェイターの最低時給は2ドルちょっとなので，チップはかなり大きな収入源になります。お客は，15〜20％をチップとして払うことになっています。

レストランの中には，会計時にあなたからのチップを上乗せしたレシートを印刷する店もあります。団体の場合（通常4人以上），自動的にチップを計算してくるレストランも多いです。チップが食事代の20％に及ぶこともよくありますので，会計に加算されたチップの金額を見て驚かないでください。

支払いがクレジットカードである場合，食事代の総額の下に2行の空欄があることがよくあります。上の行はチップを記載するために，下の行はチップを加算した合計金額を記載するために使用します。あるいは，食事代だけをクレジットカードで会計して，チップは現金で渡すことも可能です。

口頭発表では，聴衆にとってわかりやすい言葉で発表をし，聴衆からの質問に対して適切に回答をする必要があります。イントロ用，結果用，考察用といったそれぞれのスライドの説明に適当なセリフについて，具体例を示しながらポイントをお伝えします。また，多くの人が苦手とするディスカッション・タイムの乗り越え方についてもお伝えします。

実践編①

口頭発表

つかみはOK?

　通常，プレゼンの会場には座長がいて，発表者および発表内容（タイトル）を紹介するなど，プレゼンの進行役を務めます。プレゼンの種類（一般講演，招待講演，基調講演など）によって紹介の長さは変わりますが，次のような表現であなたを紹介すると思います。

"The next presentation will be given by Dr. Olaf Karthaus from the Chitose Institute of Science and Technology, and his talk is entitled 'Pollen Biomimetics: Phase Separated Polymer Microparticles'. Dr. Karthaus, please."
「次の発表は，千歳科学技術大学のカートハウス・オラフ博士で，講演のタイトルは『花粉のバイオミメティクス：相分離ポリマー微粒子』です。カートハウス博士，お願いします。」

　さあ，あなたの出番です！　座長が話してくれたことを繰り返す必要はありません。しかし，多くの日本人はこう始めます。

"Good morning/afternoon. My name is Olaf Karthaus from the Chitose Institute of Science and Technology, and my talk is entitled 'Pollen Biomimetics: Phase Separated Polymer Microparticles'."
「おはようございます（あるいはこんにちは）。私の名前は，千歳科学技術大学のオラフ・カートハウス，講演のタイトルは『花粉のバイオミメティクス：相分離ポリマー微粒子』です。」

　いやいや，このようなスタートではなく，あなた自身やあなたの学校，研究所についての興味深い事柄やおもしろい話から始めてください。ただ，聴衆が答えにくい質問を投げかけるのはやめましょう。たとえば，「千歳がどこにあるかご存知ですか？」という質問をしてしまいますと，"Yes"もしくは"No"で答えるのか，手を挙げたらよいのかあいまいで，意味がありません。そうではなく，

"Who has been to Hokkaido? Please raise your hand!"
「北海道に行ったことがある方，手を挙げてください！」

のほうがよいです。私は千歳を訪れたことのない人たちのために，しばしばこう話し始めます。

"Chitose is a small city in Hokkaido, Japan, but we have the biggest airport on the island with many domestic and international flights. Our institute is just across the runway. When you come to Hokkaido, please drop me a line. Maybe I can show you our institute."

「千歳は北海道の小さな市ですが，国内線と国際線が多数ある北海道最大の空港があります。私たちの大学は滑走路のすぐ向かいにあります。北海道に来ることがあったら，ご一報ください。おそらく，私たちの大学にご案内できるでしょう。」

　ここで，"my"の代わりに"our"を使うことに注意してください。"my institute"にするとあなたがそこのトップ，もしくは経営者であるかのように聞こえます。

　皆さんも自分の学校や地域を紹介する短い文章を考えてみてください。

【奈良なら】
"Nara is the old capital of Japan and many crafts were developed and refined here."
「奈良は日本の古都であり，多くの工芸品がここで開発・改良されました。」

【秋田なら】
"Akita is famous for its rice and rice-wine. It is off the beaten track, but very worth visiting."
「秋田は米と醸造酒（rice-wine）で有名です。人里離れた場所ですが，訪れる価値はきわめて高いです。」

【大阪なら】
"Osaka is a business hub in Japan but famous for Okonomiyaki, a savory type of pancake, which some people call the soul food of Kansai. I eat it at least once a week."
「大阪は日本のビジネスの中心地ですが，風味豊かなパンケーキである「お好み焼き」で有名です。関西のソウルフードと呼ぶ人もいます。私は少なくとも週に一度は食べます。」

【沖縄なら】
"In Okinawa you cannot only snorkel in the beautiful ocean, but also dive into the mysteries of science."
「沖縄では，美しい海でシュノーケリングをするだけでなく，科学の謎に飛び込むこともできます。」

　この「つかみ」はたったの数秒ですが，その場の緊張をほぐし，あなたやあなたの所属機関に聴衆が興味を持つきっかけになるかもしれません。ただし，国際学会であっても，一般講演ではやらないほうがよいでしょう。

イントロ用のスライド１

　堅苦しくない「つかみ」の後は，いよいよプレゼンを始めましょう。ここでもまた，聴衆が答えにくい質問をしないように気をつけてください。次のセリフをあなたなりに言い変えたりして発表してください。

"I got interested in pollen particles a few years ago. Some of you might hate them, because they cause hay fever, but they are truly amazing. There are more than 400 thousand flowering species on earth and each one has its own type of pollen with a specific surface structure. So, my first reaction upon seeing the electron microscopy pictures was 'Wow!'

I am not a botanist or even a biologist, but a chemist. So I approach pollen from a material scientist perspective. Why such a wide variety of structures exist, is not clear, even to biologists.

But the question I got interested in was 'how do the plants manage to produce such a big variety of amazing submicrometer structures?' And then, because I am a chemist, and chemists can synthesize new compounds and structures, I said to myself 'I want to do that too! I want to make micrometer-sized polymer particles that show interesting submicrometer-sized surface features.'"

「私は，数年前，花粉の粒子に興味を持ちました。花粉症を引き起こすので，嫌いな人もいるかもしれませんが，花粉は本当に素晴らしいのです。地球上には40万種類以上の花があり，それぞれ特有の表層構造をした独自の花粉を持っています。電子顕微鏡画像を見た私の最初のリアクションは "Wow!" でした。

私は植物学者や生物学者ではなく化学者です。ですから，私は材料科学的見地から花粉にアプローチしています。このような多種多様な構造が存在する理由は，生物学者にとってさえ，明らかになっていません。

しかし，私が興味を持った疑問は『どのようにして植物はこんなに種類に富んだ驚くべきサブマイクロメートルの構造を生産できるようになったのか？』でした。その後，私は化学者であり，化学者は新しい化合物や構造を合成することができるので，『私もそのようなものを作ってみたい！　おもしろいサブマイクロメートル・サイズの表面特性を示すマイクロメートル・サイズのポリマー粒子を作りたい。』と考えたのです。」

　このイントロの時間を計ったところ，きっかり１分でした。これは，１枚のスライドを説明するのに完璧な長さです。

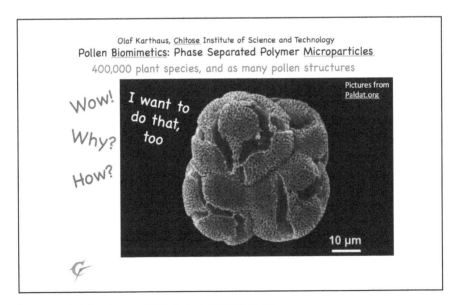

図51-1 本文中のセリフで使用したイントロ用のスライド

イントロ用のスライド2

2つめの例を以下にご紹介します。

"Since you might not be familiar with the life cycle of pollen, here it is a very nice summary of the development and role of pollen that I found on the internet.
Pollen are produced by several meiosis cell divisions in the anther of a plant. A so-called tetrad develops that then ripens into a mature pollen grain. The surface structure on the outside of the pollen wall also develops during this ripening process.

This wall is made of a very sturdy material called sporopollenin. It is tough, but still flexible, and its purpose is to transport the DNA from anther to pistil, and most importantly, protect the DNA inside of the grain from the harsh environment, like in dry or wet air, and under UV irradiation that would damage the DNA. Once on the pistil, the sporopollenin wall opens up and releases the DNA content into the pistil to pollinize."

「皆さんは花粉のライフサイクルをご存じないかもしれませんので，ここではインターネット上で見つけた花粉の発達と役割に関するとても素晴らしくまとめられた説明をご紹介します。

花粉は，植物の薬の数回の減数分裂によって生成します。いわゆる花粉四分子が発達し，成熟した花粉粒になります。花粉壁の外側の表面構造も，この成熟過程で発達します。花粉壁は，スポロポレニンと呼ばれる非常に頑丈な素材で作られています。強靭ですが，柔軟性があり，DNAを薬から雌しべに輸送する役割や，もっとも重要なのは，湿度の低いあるいは高い空気中や，DNAが損傷を受けるUV照射下のような過酷な環境から，DNAを粒子の内側で保護することです。雌しべにたどり着くと，スポロポレニンの壁が開き，雌しべにDNA成分が放出されて受粉します。」

この説明もおよそ1分ほどで，イントロ用のスライドに完璧な長さです。

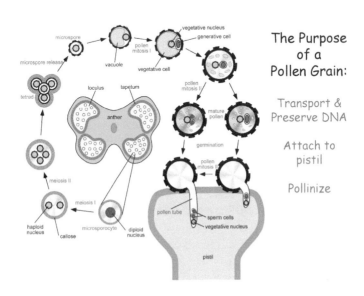

図52-1 本文中のセリフで使用したイントロ用のスライド

STEP 53 結果用のスライド

　これは，結果用のスライドを説明するセリフの一例です。たとえセリフの内容が専門的すぎて理解できなくても，重要な事項がスライド上にすべて示されていることを確認してください。説明の際には，スライド上でいままさに説明している部分をレーザーポインターで指し示すことを忘れないでください。

"This slide shows the optical and scanning electron microscopy (SEM) pictures of our synthesized polymer particles and compares them to natural pollen.

On the left side is a polystyrene/PMMA particle that was stained by a dye to make it fluorescent. I cannot go into detail here, but the core of the sample is made of PMMA, which fluoresces green, and the round protrusions on the surface are made of polystyrene that fluoresces red. Similar structures, round protrusions on a core particle, can also be found in natural pollen. On the right side is a SEM picture of particles that were formed by mixing three polymers, polystyrene, PMMA and polysulfone. The pretty complicated phase separation pattern shows a PMMA core, a polystyrene cap and a phase separated droplet pattern of polysulfone on the PMMA hemisphere. The inset is the SEM picture of a lilly pollen and the two look similar, in my opinion. The work of the polystyrene/PMMA particles has been published already and the example on the right side will be published very soon."

「このスライドは，合成されたポリマー粒子の光学顕微鏡写真と走査型電子顕微鏡（SEM）写真を示し，それらを天然の花粉と比較しています。

左側はポリスチレン/PMMA粒子で，色素での染色により蛍光を発しています。ここでは詳しくは説明しませんが，サンプルのコア（核）の部分は緑色の蛍光を発するPMMAからなり，表面の丸い突起は赤色の蛍光を発するポリスチレンからなります。同様のコア粒子の丸い突起構造は，天然の花粉にも見られます。右側は，ポリスチレン，PMMA，およびポリスルホンの3つのポリマーを混合して形成した粒子のSEM写真です。かなり複雑な相分離パターンは，PMMAコア，ポリスチレンキャップ，およびPMMA半球上のポリスルホンの相分離液滴パターンを示しています。挿入図はユリの花粉のSEM写真で，私はこれら2つの粒子は似ていると考えています。ポリスチレン/PMMA粒子に関する研究はすでに公表済みで，右の結果はまもなく公表されます。」

　この説明も，およそ1分です。なおSEMは「セム」と読んで問題ありません。

Comparison of Polymer Particles with Pollen Grains

Polystyrene/PMMA

red: polystyrene
green: PMMA

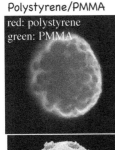

Karthaus *et al.*, e-JSSNT

Polystyrene/PMMA/Polysulfone

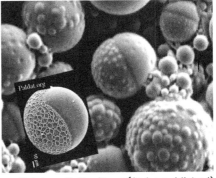

P. Acker, O. Karthaus(to be published)

図53-1 **本文中のセリフで使用した結果用のスライド**

考察用のスライド

　学術論文における考察（discussion）は，得られた実験のデータを，理論やモデルを用いて，あるいは過去のデータと比較して，解析し，説明する部分です。学術論文では，実際には議論する相手がいるわけではありませんが，英語では"discussion"と呼ばれます。

　18世紀，学術的な学会が誕生した初期の頃には，学会で実際に議論が行われていたそうです。当時の学会は，大学教授や博士あるいは熱心な一般市民が，発表者の講演を聞いて，科学を自然哲学として議論するための集会で，月に数回開催されていました。その後，この集会に参加できないメンバーが事前に手紙でコメントを送り，集会でそのコメントについて議論してもらい，参加できなかったメンバーには，そうした議論内容をまとめた手紙が送られるようになりました。

　たとえ昔とは形態がまったく変わってしまっていても，学術論文やプレゼンにおける考察の意味合いはdiscussionという単語に残っており，口頭発表における考察用のスライドでは，実験データをモデルや理論から解析し，説明するという形式が必要です。

　右ページのスライドは，小さな結晶である"micro ikebana"（ミクロ生け花，形が花に似ているため）の形成に関する考察用のスライドです。このスライドのセリフは以下のとおりです。

"On the previous slide I showed you some electron microscopy pictures of crystals at various positions on the glass slide. Besides this qualitative description of crystal formation, we also analyzed the density and size of the crystals in terms of a diffusion controlled reaction. On the left side I show you the experimental setup. Below this you can see the exponential formula we used to model the crystal density as a function of distance from the edge of the slide d. Here, d_c is the half width of the distance of right and left edges and k is the rate constant indicating the decrease of the local supersaturation level.

You can see that both profiles fit nicely with our function. Graph (a) is the profile through the center of the glass substrate, graph (b) is the profile at the edge of the glass substrate. As you can see, the nucleation rate, which is the number of crystals per surface area N_d, shows an exponential relation for d. They are higher closer to the edge. In addition, we estimated the crystal growth rate by taking the surface area per crystal

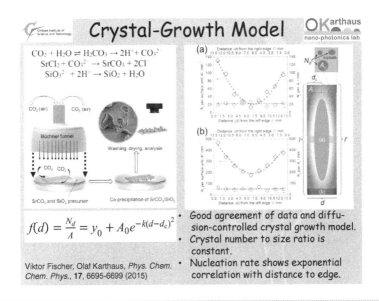

Viktor Fischer, Olaf Karthaus, Phys. Chem. Chem. Phys., **17**, 6695-6699 (2015)

| 図54-1 | 本文中のセリフで使用した考察用のスライド

into account. It is interesting that the ratio of N_d with A_c stays constant. This means that each crystal growth with the same rate after nucleation. Therefore we conclude that the supersaturation state has only an influence on the nucleation rate, but not on crystal growth. With this, I want to conclude my talk."

「前のスライドでは，スライドガラス上のさまざまな位置にある結晶の電子顕微鏡写真を示しました。定性的な結晶形成の記述に加え，拡散律速反応の観点から結晶の密度とサイズの解析も行いました。左側に，実験系のセットアップを示しました。この下は，スライドガラスの端からの距離dの関数として結晶の密度をモデル化するために使用した指数式です。ここで，d_cは両端間の距離の半値で，kは局所的な過飽和状態の程度の減少を表す速度定数です。

両方のプロファイルは，私たちの関数にうまくフィットすることがわかります。グラフ(a)はスライドガラスの中心部分のプロファイル，グラフ(b)はスライドガラスの端部分のプロファイルです。ご覧のとおり，核形成速度，つまり表面積あたりの結晶の数N_dはdに対して指数関数的な関係を示しています。それらは端に近いほど大きくなります。さらに，結晶あたりの表面積A_cを考慮して結晶成長速度を推定しました。興味深いことに，N_dとA_cの比は一定のままです。これは，それぞれの結晶は核形成した後に同じ速度で成長することを意味しています。したがって，過飽和状態は核形成速度にのみ影響を与え，結晶成長には影響を与えないと結論づけました。これで，私の話を締めくくりたいと思います。」

　この後，まとめ用のスライドへと移行します。

まとめ用のスライド

あなたが聴衆にこれまで話してきたことを思い出させ，もっとも重要な点をまとめる締めくくりの役割をもつスライドが，発表の最後には当然必要です。イントロ用のスライドに類似したスライドを使える場合もあるでしょうし，結論をまとめた短文などの文字情報の代わりに，結果用のスライドに載せたもっとも重要なグラフに対して，持ち帰ってほしい情報を加えるのもよいでしょう。

ここではハチの巣（honeycomb）型構造のフィルムの改良についてのプレゼンにおけるまとめ用のスライドおよびセリフを紹介します。私はまとめ用のスライドのタイトルを単に "Summary" とするのではなく，プレゼンそのもののタイトルと同じにすることを選びました。また，この研究に関わった人たちを聴衆に思い出してもらうため，すべての共著者名をまとめ用のスライドに入れました。

"Dear ladies and gentlemen, this is now the last slide of my presentation. I showed you that the preparation of honeycomb films is really simple and a kind of 'kitchen science' that does not involve complicated machines or processes. It can be virtually done anywhere. Honeycomb films are versatile substrates for preparing functional films by either incorporating functional materials into the films during prepartion, or in a post-preparation step afterwards. The finally obtained films have a hierarchic structure with a high surface area that can be used as catalysts, sensors, biotemplates or electrodes.

Finally, I would like to acknowledge the funding from JSPS and the support by the Nanotech Platform of the Ministry of Education, Culture, Sports, Science and Technology, Japan, in short, MEXT. Thank you very much for your attention."

「皆さん，これが私のプレゼンにおける最後のスライドです。ハチの巣状のフィルムの調製は非常に簡単で，複雑な装置やプロセスを必要としない，ある種「キッチンの科学」であることを示しました。実際に，どこでも行うことができます。ハチの巣状のフィルムは，機能性フィルムの調製に使える多用途のフィルムで，機能性フィルムの調製中にハニカムフィルムに組み込む，あるいは，ハニカムフィルム調製後につくることもできます。最終的に得られたフィルムは大きな表面積をもつ階層的な構造をしており，触媒，センサー，バイオテンプレートまたは電極として使用できます。

最後に，JSPS（日本学術振興会）からの資金提供と，文部科学省MEXTのナノテクプラットフォームの支援に感謝いたします。ご清聴ありがとうございました。」

Self-Organized Micro-Hybrid-Structures for Electronic, Photonic, and Biological Applications
O. Karthaus, K. Orita, T. Okamoto, V. Fischer

Titanium dioxide	Polyaniline	Gold

Ease of fabrication – 'Kitchen science', chemicals off the shelve
Versatile Template – *Function in situ* or by post-processing
Hierarchic structure – Diffusion of reactants, high surface area

Possible Functions: Catalysts, Sensors, Biotemplates, Electrodes

Acknowledgments: MEXT Nanotech Platform; JSPS

| 図55-1 | **本文中のセリフで使用したまとめ用のスライド**

　日本人の多くは，"I showed you that ......"とストレートに言わずに，"I hope I could show you that ......"という表現を使いますが，私はあまり好きではないフレーズです。きわめて控え目でへりくだって聞こえますが，実は焦点がズレています。あなたは，自分の研究について他人に伝えるために発表してきたのであり，あなたはその準備に膨大な時間を費やしてきました。それならば聴衆はあなたのプレゼンをきちんと理解できているはずです。さあ，ポジティブに，堂々と，自信を持って話してください！

謝辞と引用文献

　研究者は自分一人で研究をしているわけではありません。自分の研究に関わっている人たちが必ず何人かいます。もし多大な貢献をしてくれた人がいるなら，その人をあなたのプレゼンの共著者に加えるべきです。

　学生であれば，指導教員は必ず必要です。仮に直接的な指導を受けていない場合であっても，たいていは，研究室の長にあたる教授も加える必要があります。教授と准教授が一人ずついる標準的な研究室で，学部生であるあなたの直接的な指導教官が准教授の先生であり，関連する研究を行っている大学院生の先輩からも指導を受けている場合には，次のような順番になります。

　①あなた（学部生），②先輩（大学院生），③准教授，④教授

　一般的に，謝辞には共著者を入れません。共著者には権利だけでなく責任も発生します。すなわち，共著者はその発表を自分の業績とする権利がある一方，共著者全員がその研究に関する科学的な責任を負うことになります。

　また，マイナーな役割であっても，研究において資料・試料の準備や実験操作の指導，ディスカッションなどであなたをサポートしてくれた人たちは，その人たちがいなければ研究が成り立たなかったわけですので謝辞に入れるべきです。財政面での支援をしてくれた学校や団体・組織も当然，記載する必要があります。

　もしあなたが，誰を共著者にすべきか，誰を謝辞に加えるべきかわからない場合は，指導教官に遠慮なく聞いてください。大事なことですが，誰かに対して謝辞を忘れてしまうよりは，謝辞を述べる必要のない人に謝辞を述べてしまったほうが絶対によいのです！

　謝辞はそれ専用のスライドを準備することもできますし，まとめ用のスライドに組み入れることもできます。

　招待講演や基調講演の場合，研究に関わった共著者が多すぎるために，教授が個別に共著者を紹介しない代わりに，その研究グループや，関わった学生たちの写真を見せたりすることがよくあります。発表の冒頭でそうした人たちを次のように紹介することもあります。

"Before I forget to mention the people who were involved in this research, I better do it now. ...... Mr. Tabata was involved in the synthesis of xxx. Dr. Schmitt is a JSPS postdoc who pioneered the work on zzz in our group."

「この研究に関与した人たちについて言い忘れてしまう前に，今紹介します。……田畑氏はxxxの合成を行いました。Schmitt博士はJSPSのポスドクで，私たちのグループでzzzの研究をはじめて行いました。」

　また，結果用のスライドや謝辞の中では，プレゼンの内容と関連する論文を記載することがよくあります。記載の方法にはさまざまありますが，完全なのは，すべての著者名，タイトル，雑誌名，巻数（volume），ページ，出版年を記載する方法です。

Tae Hee Kim, Youn Jung Park, Giyoung Song, Dong Ha Kim, June Huh, Olaf Karthaus, and Cheolmin Park*, "Micropatterns of Non-Circular Droplets of Nanostructured PS-*b*-PEO Copolymer by Solvent-Assisted Wetting on a Chemically Periodic Surface", *Macromol. Chem. Phys.*, **213**, 431–438 (2012)

　これがベストな方法であったとしても，発表者がプレゼンですべてを読み上げたり，聴衆がすべてをメモしたりすることはないでしょう。論文の紹介にかける時間は数秒程度ですので，省略したバージョンで記載したほうがよいと思います。たとえば，タイトルを削除，共著者を減らし，主たる著者とあなたの名前，雑誌名を記載するだけにします。

O. Karthaus, C. Park *et al.*, *Macromol. Chem. Phys.*, **213**, 431–438 (2012)

あるいはさらに短く，次のようにすることもあります。

O. Karthaus, C. Park, *Macromol. Chem. Phys.* 2012

場合によっては，結果用のスライド（STEP 53）で紹介したように，もっと短くすることも可能です。

Karthaus *et al.*, *Macromol. Chem. Phys.*

　もし，論文が査読を通過し掲載されることが決まっているもののまだ公開されていない場合や，論文として投稿済み，もしくは論文の執筆準備中である場合には，次のように書くこともできます。

P. Acker, O. Karthaus (to be published)：論文の掲載が決まっている場合

P. Acker, O. Karthaus (to be submitted)：論文を投稿済みである場合

P. Acker, O. Karthaus (in preparation)：論文を執筆中である場合

　こうした情報があれば，聴衆は後でその論文をインターネットなどで検索することができます。

STEP 57 次のスライドへ移行するときの方法

　STEP 2において，学術的なプレゼンは物語や，誰かを旅へ誘うようなものであるとお話ししました。お城のツアーガイドなら「ここが王のリビングルームで，右隣は寝室です。さあ行きましょう」と，ツアー客にこの後体験する場所に対する心の準備をさせるために話すでしょう。学術的なプレゼンにおいてもそのようにすることができます。

　1枚のスライドを説明し終わったら，最後に移行の役目を担う1文を加えておくことで，聴衆は次に何の話が来るのかを予想することができます。

【簡単な例】

"Here you can see the NMR spectra of the newly synthesized dyes. All peaks can be attributed to."
「ここでは，新しく合成された色素のNMRスペクトルを示します。すべてのピークが帰属できます。」

（それからデータを説明し続けます。そして，最後に）

"On the next slide, I will show you the UV-Vis spectra."
「次のスライドでは，UV-Vis スペクトルを示します。」

こうすると聴衆は，何を予想したらよいかわかります。

【もう少し高いレベル】（図57-1）

"Let me explain to you the advantages and disadvantages of amorphous and crystalline materials in organic electronics and photonics."
「有機エレクトロニクスおよびフォトニクスにおけるアモルファス材料および結晶材料の長所と短所を説明します。」

（それからスライドの内容を説明します。最後にスライドの一番下の部分を指し示しながら質問を投げかけます。）

"Now what would be a way to produce ordered patterns of amorphous material that then could be crystallized in a controlled matter. Of course, we can think about top-down approaches, like ink-jet or photolithography, but we found an elegant method that used the dewetting of a polymer solution."
「さて，制御された物質で結晶化できるアモルファス材料の規則正しいパターンを生成する方法は何でしょうか。もちろん，インクジェットやフォトリソグラフィーのようなトップダウン的なアプローチについて考えることもできますが，ポリマー溶液のデュウ

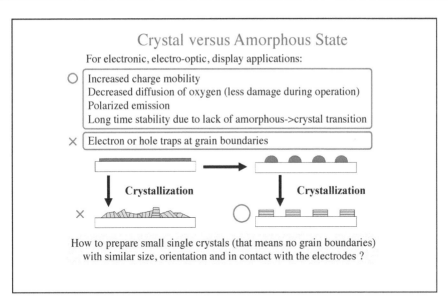

| 図57-1 | 本文中のセリフで使用したスライド

ェッティングを使用したエレガントな方法を発見しました。」

　ちなみに，"Of course"（もちろん）の前にあなたの話を小休止して，聴衆に投げかけた疑問について聴衆自身で考えさせる時間を与えることもできます。インクジェットやフォトリソグラフィーなどを，聴衆は頭に思い浮かべたはずです。このように，プレゼンのペースを変えるのは良いアイディアです。数秒黙って，聴衆にあなたが話した質問や問題を思案させる時間を持つことで，聴衆の興味はさらに深まります。

セリフに使える表現の例 1

　一般講演などの短い口頭発表では，座長による発表者の紹介時間がさほどなく，多くは次のように紹介されるだけです。

"The next presentation will be given by Hanako Tanaka."
「次のプレゼンは田中花子さんが行います。」

この場合，あなたはこう話し始めればよいでしょう。

"Thank you. Good morning / afternoon / evening. I am Hanako Tanaka from Chitose Institute of Science and Technology and I would like to talk about『プレゼン・タイトル』."
「ありがとうございました。おはようございます（あるいはこんにちは／こんばんは）。千歳科学技術大学の田中花子です。『プレゼン・タイトル』についてお話ししたいと思います。」

　以下，それぞれの場面において使えるフレーズを紹介します。

【イントロ用のスライドでの簡潔な説明に使えるフレーズ】
"On the first slide I show you the outline of my talk. I will start by giving a short introduction and the remaining problems in this research field. Then I will show you our approach to the problem, and the experimental setup."
「最初のスライドでは，私の講演の概要を紹介します。この研究分野の簡単な紹介と，残っている問題の説明から始めます。次に，問題へのアプローチと実験的なセットアップを紹介します。」

【イントロ用のスライドの説明に使えるフレーズ】
"Many of you know that …
「皆さんもご存じのとおり，
…biomimetics is an interesting approach to produce environmentally friendly materials."
…バイオミメティクスは，環境にやさしい材料を生産するための興味深いアプローチです。」
…the main drawback for OLEDs is the low light emitting yield and the inferior long-time stability as compared to inorganic emitters."
…OLEDの主な欠点は，無機発光体と比較して発光効率が低く，長期安定性に劣ることです。」

...microplastics might pose a risk to the environment and our health."
…マイクロプラスチックは，環境と健康にリスクをもたらす可能性があります。」
...methane is a greenhouse gas that is emitted by millions of cows around the world."
…メタンは，世界中の数百万頭の牛から排出される温室効果ガスです。」

【イントロ用のスライドで自分の主要な研究結果を紹介するのに使えるフレーズ】
"The main result of our research is that we …
「主な研究内容を紹介しますと，
...were able to produce PVDF films that turn transparent upon immersing in water."
私たちは水に浸すと透明になるPVDFフィルムを製造しました。」
...could synthesize new dyes with a high OLED light emitting yield."
私たちは高いOLED発光収率をもつ新しい色素を合成しました。」
...could quantify the amount of microplastics in the urban wastewater."
私たちは都市廃水中のマイクロプラスチックの量を定量化しました。」
...found that the xyz mutant shows decreased methane production."
私たちはxyz変異体がメタン生成を減少させることを見いだしました。」

【次のスライドへのつなぎに使えるフレーズ】
"On the next slide, you see …
「次のスライドでは，
...the effect of the polymer concentration on the film thickness."
フィルム濃度に対するポリマー濃度の影響を確認できます。」
...the roll-off characteristics of the OLED at different emitter concentrations."
異なるエミッター濃度でのOLEDのロールオフ特性を確認します。」
...the map of the sampling places along the river together with the number of plastic particles collected at each site."
各サイトで収集されたプラスチック粒子の数とともに，川沿いのサンプリング場所のマップを示します。」
...the genes that we think are responsible for this effect."
この効果の原因であると思われる遺伝子を示します。」

コラム

日本でよく使う言葉は英語で何という？

- メールします。 I will email you.
- 携帯電話 cell phone
- テレビ電話 video call
- SNS social media
- 添付ファイル attachment
- 携帯番号 cell phone number
- ノートパソコン laptop computer
- アプリ app

セリフに使える表現の例2

前のSTEP 58に続き，発表のまとめに使えるフレーズを紹介します。

【発表のまとめに使えるフレーズ】
"Let me summarize my talk. I could show you that …
「発表をまとめます。私は皆さんに…

…we were able to prepare porous thin polymer films made of a PVDF copolymer that turned transparent when immersed in water. We hope that these films will find applications as smart windows.
水に浸漬すると透明になるPVDFの共重合体からなる多孔質の薄いポリマーフィルムを調製したことを示しました。これらのフィルムがスマートウィンドウとして応用されることを期待しています。」

…we could design a new type of dyes that can be synthesized in high yields from simple starting materials for application in OLEDs. Our dyes can be used at high doping concentrations, and showed a superior roll-off characteristics, making them suitable for applications in bright OLEDs.
単純な出発材料から高収率で合成できるOLED（organic light emitting diode：有機LED）用の新しいタイプの色素を設計できることを示しました。我々の色素は高いドーピング濃度で使用でき，優れたロールオフ特性を示すため，高輝度のOLEDの用途に適しています。」

…the microplastic load of river water is increasing with distance from the source, and that it is mostly fibers from clothes. The two biggest contribution to the microplastic load are washing machines - the waste water treatment plants are not designed to filter those fibers out of the water - and direct input from the air."
河川水に対するマイクロプラスチックの負荷は，水源からの距離とともに増加すること，そしてほとんどが衣服由来の繊維によるものであることを示しました。マイクロプラスチックに対してもっとも寄与しているのは洗濯機からの排水，すなわち廃水処理施設が排水からそうした繊維をろ過するように設計されていないこと，および空気中から直接混入したものです。」

…that we found a new strain of bacteria in the gut of cows in Hokkaido that produced less methane than the most common kinds of bacteria found otherwise. Further research in this field might lead to a decrease of methane production in the dairy industry."

北海道の牛の腸内で，一般的な種類の細菌よりもメタンの生成量が少ない細菌の新菌株を発見したことを示しました。この分野でのさらなる研究により，乳業におけるメタン排出の減少につながる可能性があります。」

　日本人の中には，日本語の話し終わりの「以上です。」と似た感じで，"I am finished."と言う人がいますが，英語ではとても変に聞こえます。代わりに，STEP 57でも出てきた

"Thank you for your attention."
「ご清聴ありがとうございました。」

で締めくくってください。

コラム

発表の準備は常に万全に

　発表をする機会が突然やってくることもたまにあります（めったにないですが）。私が以前，わりと規模の大きな学会に参加していたときの話ですが，発表者が急遽キャンセルしたのか，単に来なかったのか理由は不明なのですが，その発表者による発表時間がぽっかり空いてしまいました。

　聴衆の中には，各会場の進行スケジュールが時間厳守で行われていると期待して，この会場のこの講演を聞いた後に，別の会場の別の講演を聞こうと詳細に計画している人がいるかもしれません。そのため，学会では進行スケジュールは厳守される必要があります。発表者が前もって発表のキャンセルを学会運営側に報告すれば，運営側が発表順を再編成したり，総合受付や発表会場の前などの掲示板でその講演が中止となった旨を知らせたりすることもできたのですが，そのときはただ発表者が現れず，時間が空いてしまったのです。

　この会場の座長は，「発表者が現れませんが，どうしましょうか。コーヒーブレイクでも入れて15分後に再開しますか，あるいは，代わりにどなたか発表したい方はいませんか。」と言われたので，私は手を挙げました。私はこの学会にポスター発表で参加していましたが，口頭発表用のスライドも準備していたのです。私が「この学会用にポスターを持ってきていまして，皆さんと研究成果を共有できたらたいへん光栄です！　ちょうどこのPCにプレゼン用のファイルもあります。」と発言したところ，座長は私に発表をさせてよいか他の参加者に尋ねた後，私に発表することを認めてくれました。私は未発表データについての口頭発表の機会を得て，その後も活発なディスカッションができました！

　こうした突然のうれしいトラブルに対応するためにはもちろん，口頭発表のスライドを準備し，自分のPCにそのスライドを保存しておく，事前の準備がなければなりません。

ボディ・ランゲージを有効利用できるかどうかで印象は変わる

　ここまで私はプレゼンに必要なセリフやスライドおよびポスターについてお話ししてきました。セリフはもちろん言葉ですし，スライドおよびポスターもビジュアル面での言葉ととらえることができます。しかし，誰もが使い，理解できるもう１つの重要な言葉があるのでご紹介します。それはボディ・ランゲージです。ひとことも言っていないのに，ある人がその状況を心地よく思っているのか，ストレスを感じているのか，嘘をついているのか，などといったことがボディ・ランゲージからわかるものです。

　私たちの顔の表情，目や手の動き，体の全体的な様子は，ものを語ります。「目は口ほどに物を言う」ということわざがあるくらいです。ほとんどの人は自分のボディ・ランゲージに気づかず，ボディ・ランゲージがどれほど自分を表しているのかわかっていませんし，コントロールしようとも思いません。しかし，多少の自己認識とトレーニングにより，ボディ・ランゲージで話を強調することができるようになります。

　ボディ・ランゲージを上手に使いこなせるようになるためのヒントをいくつか紹介します。

(1) 自然に立つ
まず，両足を肩幅に開きます。そして，背筋を伸ばし，肩を後ろにひき，頭をまっすぐにして立ちましょう。体はスクリーンに向けるのではなく，聴衆側に向けます。話している最中，横に2，3歩動くことがあっても，体でスクリーンを遮って，見る側の邪魔とならないよう気をつけましょう。

(2) レーザーポインターを腰かそれより高い位置にし，体の前面に持つ
聴衆にはレーザーポインターを使用している手を見たいという傾向がありますので，安心感を与えられます。決してあなたのポケットに手を隠さないように気をつけましょう。ただし，使用しているマイクとレーザーポインターのタイプによります。

(3) 聴衆とアイコンタクトを取る
たとえ部屋が非常に暗く，聴衆が見えなくても，聴衆のほうを見ましょう。そうすれば，あなたは自分のプレゼンに対する聴衆の反応が，退屈しているのか，ワクワクしているのか，メモをとっているのか，質問の準備をしているのかなど，手に取るようにわかります。そして，自分の発表に聴衆の反応を即座にフィードバックし，あなたが聴衆と交流する気があることを表します。聴衆のほうを見る際，同じ人ばかりずっと見ないように気をつけましょう。さらに，0.5秒以上，目を見ないようにしましょう。見られてい

る側は，とても気まずく感じてしまいます。また，あなたの指導教官や上司が発表を聞いていたとしても無視してください。「指導教官や上司がいて緊張しているのか」あるいは「指導教官や上司に発言を確認しないといけない立場なのか」と聴衆に感じさせてしまうと，あなたに悪い印象を残すので避けましょう。

STEP 61 自分の声がどんな印象を与えているのかを認識しよう

　「声」は重要なツールです。あなたが話す言葉の情報を伝えるだけではありません。イントネーションや文と文の間の小休止は，聴衆の気を惹き続けるのに役立ちます。

　声に関する第一のルールは，大きな声ではっきり話すことです。機関銃のようにまくし立てるのも，ゆっくり過ぎて睡眠薬になるのもいけません。そのためにも，話し始める前に，あなたの声を整えてください。もし必要なら，持ってきた水か会場で支給された水を少し飲みます。声の調整やゲップをしたいときに，マイクを近づけないように注意してください。質問をするときには，小休止を入れます。

　重要な単語や実験結果は声で際立たせてください。あなたが自分の実験結果にワクワクしているなら，話の中で抑揚をつけて，それをわからせるのです。なお，結果そのものにそれを語らせることもできます。

"When we rinsed the mica substrate with the polymer solution, we expected to see single dendrimer molecules randomly spaced on the substrate. Instead, what we found was this!"
「雲母基板をポリマー溶液ですすいだとき，基板上にランダムに間隔を空けた単一のデンドリマー分子が見えることが予想されました。しかし，代わりに私たちが見つけたのはこれです！」

このように結果を明らかにし，5秒間黙り続けます。

"Those are not single molecules" 「それらは単一の分子ではありません」

そして，3秒休止。

"They are equally spaced." 「それらは等間隔です。」

さらに，3秒休止。

"They are arranged in a beautiful two-dimensional pattern."
「それらは美しい二次元パターンに配置されています。」

再び，3秒休止。

"And we asked ourselves 'Why?" 「私たちは考えました。なぜだろうか？」

3秒休止。

"To answer this question, it took us three years. The measurement was made in 1995, but we could not publish it until 1998."

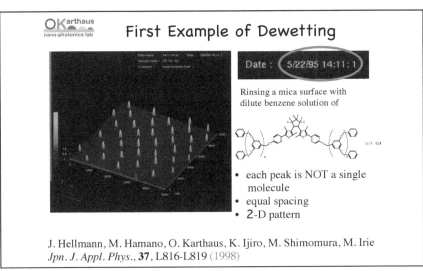

|図61-1| **本文中のセリフで使用したスライド**

「この質問に答えるには，3年かかりました。そのため，測定は1995年に行われましたが，1998年まで公表できませんでした。」

こんな感じです。

STEP 62 やさしい質問に対する対応方法

　あなたが発表を終えた後には多くのさまざまなタイプの質問が待ち受けています。もっとも回答しやすい質問は，STEP 48，49で紹介したような回答用のスライドを準備してあるケースです。その次に回答しやすいのは，いわゆる"soft ball questions"と呼ばれる，その研究に関心を示した人によってなされる肯定的な質問です。

"Thank you for your interesting talk. Can you go back to slide 10?"
「興味深い話をありがとう。10番目のスライドに戻れますか？」

（このように聞かれたら，もちろん，すぐにそのスライドを見せなくてはなりません！）

"Yes, exactly that one. Here, you use ethyl acetate as a solvent. Please tell me why? Is the choice of the solvent important?"
「はい，まさにそれです。ここでは，溶媒として酢酸エチルを使用しています。それはなぜでしょうか？　溶媒の選択は重要ですか？」

あなたがいくつかの溶媒で実験をしていれば，溶媒の選択について説明できる良いチャンスです。

"Thank you very much for your question. Of course we have performed the experiment with various solvents. We need a solvent that has a moderate boiling point and a medium enthalpy of evaporation, because we need a rapid evaporation and a high temperature gradient. Also, the polymers have to be soluble in it. Chloroform and benzene can be used to, but they are not environmentally friendly and pose health risks. Toluene has a too high boiling point, acetone a too low boiling point. Thus, we concluded that ethyl acetate is best suited."
「ご質問ありがとうございます。もちろん，さまざまな溶媒を使用して実験を行いました。速い蒸発と大きな温度勾配が必要であるため，中程度の沸点と中程度の蒸発エンタルピーを持つ溶媒が必要です。また，ポリマーはそれに可溶でなければなりません。クロロホルムとベンゼンも使用できますが，環境にやさしくなく，健康面でのリスクがあります。トルエンの沸点は高すぎ，アセトンの沸点は低すぎます。したがって，酢酸エチルが最適であると結論づけました。」

　似ていますが，こういう質問もありえます。

"Yes, exactly that one. Here, you use chloroform as a solvent. Please tell me why? Chloroform is quite toxic! Can't you use a better solvent?"
「はい，まさにそれです。ここでは，溶媒としてクロロホルムを使用します。なぜでしょうか？　クロロホルムは非常に有毒です！　もっと良い溶媒を使用できませんか？」

それなら説明は

"Thank you very much for your question. Of course we have performed the experiment with various solvents. We need a solvent that has a moderate boiling point and a medium enthalpy of evaporation, because we need a rapid evaporation and a high temperature gradient. Also, the polymers have to be soluble in it. Of course chloroform is toxic and not the best choice. But the other solvent that works for this experiment is benzene! We know that they are not environmentally friendly and pose health risks. But we work in a glove-box and we also use only a few microliters for each experiment. But we are aware that these solvents are not suitable for mass production that will require liters of solvents. We are working to find a replacement."

「ご質問ありがとうございます。もちろん，さまざまな溶媒を使用して実験を行いました。速い蒸発と大きな温度勾配が必要なため，適度な沸点と適度な蒸発エンタルピーをもつ溶媒が必要です。また，ポリマーはそれに可溶でなければなりません。もちろん，クロロホルムは有毒であり，最良の選択ではありません。しかし，この実験がうまくいく他の溶媒はベンゼンです！　私たちは，これらが環境にやさしくなく，健康面でのリスクがあることを知っています。しかし，私たちはグローブボックス内で作業し，1回の実験に数マイクロリットルしか使用していません。しかし，これらの溶媒は，リットルレベルの溶媒を必要とする大量生産には適していないことを認識しています。代わりのものを探しています。」

それから，肯定的な口調で締めくくることができます。

細かい質問に対する対応方法

STEP 63

　細部にわたってよく知っているその分野の専門家からの質問が来ることもあります。こういうタイプの人からの質問は1つとは限らず，複数の質問が一度に投げかけられる可能性があります！

"You showed us the OLED characteristics of your device. Have you measured the quantum efficiency? How about the I-V characteristics? Did you observe a roll-off at higher currents? How about color stability? And finally, what is the lifetime of your device?"

「あなたはデバイスのOLED特性について示していました。量子効率を測定しましたか？　I-V特性（電流−電圧特性）はどうですか？　高電流でロールオフ（電流が大きいときに効率が落ちる現象）を観察しましたか？　色の安定性はどうですか？　最後に，デバイスの寿命はどれくらいですか？」

　ウォ。あなたは，その測定はしていませんでした！　でも冷や汗をかかなくても大丈夫です。測定をしていなくとも質問に答えることができますから。また，質問が多くて，何を聞かれたか忘れることもあるかもしれません。遠慮せずに，質問を繰り返し尋ねてください。

"Thank you very much for your detailed question and your interest in our work. Let me answer them one by one. Since our samples are heterogeneous and do not emit light from the whole area, the measurement of the quantum efficiency is not possible. The I-V characteristics and roll-off should not much be different from a usual device, but we haven't measured them. ... You had one more question, but I forgot. Can you say that again?"

「詳細な質問をくださり，また私たちの仕事に興味をお持ちくださり，ありがとうございます。1つずつ答えさせてください。サンプルは不均一であり，領域全体から光を放射しないため，量子効率の測定は不可能です。I-V特性とロールオフは通常のデバイスとそれほど変わらないはずですが，測定は行っていません。…もう1つ質問がありましたが，忘れてしまいました。もう一度言ってもらえますか？」

"About the lifetime."
「寿命についてです。」

"Okay, thank you. The lifetime is of course a crucial topic, and our very crude device without any encapsulation or oxygen getter only has a lifetime of a few minutes that was enough to get an emission image in the microscope. If we wanted to commercialize this,

we need to take the film preparation and OLED fabrication into a clean room and encapsulate the device properly. I am very confident that we could improve device stability."

「わかりました。ありがとう。寿命はもちろん重要な話題であり，封止や酸素吸収剤のないきわめて雑なつくりのデバイスの寿命は数分で，顕微鏡で発光画像を取得するのには十分な時間でした。商品化する場合は，フィルムの調製とOLEDの製造をクリーンルーム内で行い，デバイスを適切に封止する必要があります。デバイスの安定性を改善できると確信しています。」

　あなたがこの詳細で厳しい質問にあまりうまく答えることができなかったとしても，最後は前向きな展望で締めくくることができます。

"Maybe at the next conference I can tell you our progress in that matter."
「おそらく次の学会では，その点についての進歩をお話しできます。」

STEP 64 厳しい質問に対する対応方法

　ここで扱う質問は，むしろremark（意見・批評）と呼ばれるもので，あなたの研究の意味や理由，価値を問うものです。前のSTEP 63と同じ発表に対する質問ですが，同じ発表でありながら，いろいろな角度から質問が来る場合があり，それに対して適切な回答をしなければならないことがおわかりいただけると思います。

"You showed those small dots in your OLED device. Well, they just cover a tiny fraction of the whole substrate, and they will never be as bright as a usual OLED. I cannot see the purpose of your research."
「あなたはOLEDデバイスに小さなドットを表示しました。ですが，それらは基板全体のほんの一部を覆っているだけであり，通常のOLEDほど明るくなることはありません。あなたの研究の目的がわかりません。」

このような厳しいコメントを受けた場合も，まず質問をしてくれた方に謝意を示しましょう。

"Thank you for your comment. Yes, it is true that our device is not very bright, given the fact that the dots cover just 5 % of the whole area. But this is only true when we use the usual light emitters. But with our method it might be possible to use emitting molecules that cannot be used in continuous films, that may emit brighter light. For example, we could use crystalline materials. Also, with our method we are able to create very small light emitting spots that may have applications in fields other than OLED displays, for example in nanofluidic sensor devices."
「コメントありがとうございます。はい，ドットがエリア全体のわずか5％しかカバーしていないという事実を考えると，デバイスがそれほど明るくないのは事実です。しかし，これは通常の発光体を使用する場合にのみ当てはまります。この方法では，連続フィルムでは使用できない，より明るく光を発する発光分子を使用できる可能性があります。たとえば，結晶材料を使用できます。また，この方法を使用すると，OLEDディスプレイ以外の分野，たとえばナノ流路を用いたセンサーなどに応用できる非常に小さな発光スポットを作製できます。」

　他にもこんな厳しい質問があるかもしれません。

"In one of your slides you showed the effect of the roller speed on the droplet spacing, but there are no error bars! For every data point, you need error bars. How big is the error?"
「スライドの1つで，ローラーの速度が液滴の間隔に与える影響を示していましたが，

エラーバーがありません。すべてのデータ点に，エラーバーが必要です。実験誤差の大きさはどれくらいですか？」

そんな場合は，誠実に答えましょう。

"We cannot estimate the error bars, because we did not repeat the experiments. This slide is just to show the general effect of the roller speed, and before publication, we will perform multiple experiments and take the averages and also include the error bars."
「実験を繰り返していないため，エラーバーを推定することはできません。このスライドは，ローラー速度の一般的な効果を示すためのものです。論文として投稿するまでには，実験を複数回行い，平均値を取得し，エラーバーも付けます。」

このように，批判的なコメントや「痛いところを突かれる」指摘があったときは，謙虚で正直な態度をとることによりあなたの発言の説得力を高めることができ，結果として相手の信頼が得られることになります。決して，ムキになって反論したり，逆にはぐらかしたりしてはいけません。

では，どうしたら「謙虚で正直な態度」を身につけることができるのでしょうか。こればかりは，英語表現のテクニックを磨くだけではどうしようもありません。自分の研究に対する自信でしょうか？　周囲の人たちへの感謝でしょうか？　何が必要か，皆さんもぜひ考えてみてください。

質問の意味が わからない場合の対処方法

　質問者からの質問の意味がわからないこともあります。いろいろな理由がありますが，もっとも単純な理由は質問を聞き取れなかったためです。質問者がマイクを使わなかったことが原因ならば，

"I am sorry, but I could not hear you clearly. Can you ask your question again?"

と言い，それでも聞き取れない場合は，声を大きくしてもらえるようお願いしてください。会場にいる他の聴衆も質問が聞き取れなかった可能性があるからです。

　また，質問が聞き取りにくかった場合には，質問されたと思われる内容を繰り返してみるのもよいかもしれません。質問内容の確認が取れた後に返答します。

"You are asking about the concentration dependence of the luminosity? Okay, thank you very much for your question. Well, …"
「あなたは光度の濃度依存性について尋ねていますか？　わかりました，ご質問ありがとうございます。では，…」

　質問の意味がわからない理由が，質問者のアクセントやなまりの問題であることもあります。特に科学用語にはわかりづらいものがあります。

"Thank you for your nice talk. What is the uminotiti of your device?"
「素敵な話をありがとう。デバイスのuminotiti（※luminosity（輝度）がひどくなまっていてこのように聞こえている）は何ですか？」

あなたの返答は次のようなものになるでしょう。

"I am sorry, I did not understand your question. You are asking about what?"
「ごめんなさい，あなたの質問の意味を理解できませんでした。何を聞いているのですか？」

質問者の言葉を理解しようとする真剣さを示すためにも，もっとよく聞こえるように質問者に近づいて行きましょう。あなたにわかってもらおうと，質問者は相変わらずのキツイなまりで同じことを2，3回繰り返します。

"The uminotiti. The uminotiti of your device. Uminotiti."
「デバイスのuminotitiです。uminotiti。」

それでもわからなかったら，次のように別の言葉へ置き換えてもらうよう，質問者にお願いすることができます。

"I am sorry, but I do not understand what property you mean. Can you use another word?"
「申し訳ありませんが，あなたが言っている意味がわかりません。別の言葉に置き換えてもらえませんか？」

"The uminotiti. I mean the brightness of your device."
「Uminotiti です。あなたのデバイスの明るさをのことを言っています。」

ようやくわかったら，次のように返答できます。

"Ah, I see, well we have not measured the luminosity, yet. I am sorry that I cannot give you a number for that."
「わかりました。私たちはまだ，輝度を測定していません。申し訳ありませんが，その大きさをお伝えすることはできません。」

　　他にも次のような例があります。

"Thank you for your nice talk. What is the ※%@#$ of the %※#?%◎&@$ on the %×$☆♭#▲！※?"
「すばらしいお話をありがとう。%×$☆♭#▲！※についての%※#?%◎&@$の※%@#$は何ですか？」

"I am sorry, I did not understand your question. You are asking about the effect of what?"
「ごめんなさい，あなたの質問を理解できませんでした。あなたは何の効果について尋ねていますか？」

しかし，あなたの返答に対して質問者は次のようにそのままのキツイなまりを繰り返します。

"The %※#?%◎&@$. The effect of %※#?%◎&@$. %※#?%◎&@$."
「%※#?%◎&@$。%※#?%◎&@$の効果。%※#?%◎&@$です。」

あなたは質問者が言わんとしていることを何とか理解しようと思いますよね。質問に関係がありそうだと思われるスライドをスクリーンに表示して

"Do you mean the solvent? Well, here is a slide about the effect of the solvent on the quantum efficiency of our synthesized dyes."
「溶媒のことですか？　さて，ここに合成された色素の量子効率に対する溶媒の効果についてのスライドがあります。」

と答えてみます。これでうまくいかない場合，座長は質問の意味を理解しているかもしれませんので，座長から助けをもらえるように座長の顔を見るのもよいでしょう。

　　どうしても問題が解決しないとき，発表者も座長も質問者も使える表現がこれです。

"Well, I think we can discuss this during the coffee break."
「では，コーヒーブレイク中にこれについて議論できると思います。」

質問ではなく，コメントを受けた場合の対処方法

ディスカッション・タイムでは質問をするのではなく誤りを指摘する人や，自分の見解を主張する人もいます。前者はよいですが，後者はあまりよいとは言えません。

まず，誤りを見つけてもらったとき，たとえば単純なスペルミスに関するやりとりならこのような感じです。

"In your slide, you misspelled the name Ilya Prigogine."
「スライドで，Ilya Prigogineという名前のスペルが間違っていました。」

と言われたら返答は簡単で，次のようなものでよいでしょう。

"Thank you very much for pointing this out. I will correct that immediately!"
「指摘してくれてありがとう。すぐに修正します！」

質問者が自分の見解を主張する例として，

"We have done some work on the surface tension induced flow of liquids in this films quite some years ago already. The claim of yours is wrong. It is not the density difference that causes the flow, but the temperature difference. We used a thermo camera to image the temperature profile and found a temperature gradient of up to 20 degrees."
「数年前，このフィルムの表面張力によって引き起こされる液体の流れについて，いくつか研究を行ってきました。あなたの主張は間違っています。流れを引き起こすのは密度の違いではなく，温度の違いです。私たちはサーモカメラを使用して温度プロファイルを画像化し，最大20度の温度勾配を見つけています。」

などと言われたら，濃度と温度の役割を明らかにするために，あなたはそのコメントをした人と真剣かつ長々しい議論を始めなくてはなりません。おそらく，あなたはそのような議論の準備までできていないでしょうし，あなたの指導教官や上司が議論に加わろうとするはずです。指導教官や上司が手を挙げ，座長が発言を許可したとしたら，次のようなことを言うでしょう。

"Thank you for your comments. Of course I know your work, but here …
「コメントをありがとうございます。もちろんあなたたちの研究は知っていますが，ここでは…」

この展開になったら，あなたはただその議論を聞くのみです。あるいは座長が「これは長くなるぞ」と感じ，前のSTEP 65と同様，次のように切り込んでくるかもしれません。

"Maybe during the coffee break, you can discuss this."
「たぶん，コーヒーブレイク中に，これについて議論することができます。」

コラム

単語の起源1

　皆さんは言葉がどのようにして生まれたのか考えたことはありますか？　当然ながら，言葉が誕生したのは遠いむかしのことです。何千年もの間，人々は言葉を用いてコミュニケーションをとってきました。

　"dog"，"grass"，"water"などのように起源がわからない言葉もありますが，科学で使用される言葉は人類の歴史からすればごく最近誕生したものであるため，往々にして合理的な由来があります。たとえば，"biology"（生物学）は生命を意味する"bio"と「言葉」や「理由」を意味する"logos"からなる言葉です。

　複数の言葉を組み合わせて単語を作る以外に，単語の前に接頭辞（prefix）を付けて，言葉の意味を変えることで作られる単語もあります。"inorganic"は"not organic"（非有機），すなわち「無機」を意味します。接頭辞は，"a"，"il"，"ir"，"re"，"de"，"un"，"co"，"syn"などたくさんあります。

STEP 67 他人の発表に対して質問をしたいとき

　他人の発表に対して質問をすると，いろいろな収穫があります。もちろんあなたが講演者から聞きたいことを知ることができ，疑問が解け，好奇心が満たされますが，それだけではなく，その講演者があなたのことを知ることにもなるでしょう。もし良い質問をすれば，コーヒーブレイクの時間や，バンケットの時間にさらなる議論ができるかもしれませんし，メールや他の手段（Facebook, Twitter, Instagram, Line , WhatsApp など）で連絡を取り合うようになるかもしれません。その先どんなことが待っているかわかりません。この最初のコンタクトがあなたにとってキャリアを築くきっかけになるかもしれないのです！　では，良い質問をするにはどのようにすればよいでしょうか。

　第一に，他の講演者が話している間は，メモを取ってください。あなたが覚えておきたいことや，どんな疑問を持ったかを書き留めます。できれば，ディスカッション・タイムに，発表者がそのスライドへすぐに戻れるようにスライド番号もメモしておきます（STEP 8）。

　ディスカッション・タイムがきたら真っ先に挙手し，座長があなたを指名してくれるのを待ちましょう。そのチャンスが訪れたら，ゆっくり，はっきり，聞きやすい声で話します。マイクがあるならば，他の聴衆にも聞こえるようにマイクを持ちましょう。そして，ごく簡単に自己紹介をしてください。

"(I am) Olaf Karthaus, from the Chitose Institute of Science and Technology in Japan. Thank you for your very interesting talk."
「私は日本の千歳科学技術大学のカートハウス・オラフです。興味深いお話をありがとうございました。」

　それからこれまでに紹介したいくつかの例を参考に，肯定的な表現で質問していくとよいでしょう。

コラム

単語の起源2

　"atom"（原子），"research"（研究），"discover"（発見）などの単語の由来はどうでしょうか。"atom"は面白い単語で，"a"は"not"を意味し，"tom"はギリシャ語で"cut to"を意味します。つまり，atomは「（これ以上）分割できないもの」です。

　"research"（研究）の"re"は「再び」の意味です。したがって，"research"を行うとは，何度も探索を行うことを意味します。"discover"（発見）の"dis"は「逆転する」や「取り除く」の意味です。つまり，カバーを取り除くこと＝何かを発見することなのです！

　"express"（発言）の"ex"は「外へ」の意味です。"press"は，もちろん，「圧」を意味します。発言するときには，圧力をかけて肺から空気を出しますので納得いただけるでしょう。

　"evolution"（進化）はラテン語で「軍隊の再調整」を意味する"evolvere"に由来します。"e"は"ex"と同じ，"out"の意味，"volve"は「回転」の意味です。もう一つの説明は，「子孫のサイクル（大人は子供を産む，その子供は大人になる，その大人は子供を産む）から出て，突然変異の影響で別なものが誕生する」を意味します。

　最後の単語は，あなたがプレゼンをする場所である"conference"（学会）です。"con"は「一緒」を意味します。"ference"は，ラテン語で「運ぶ，持って行く」を意味する"ferre"に由来します。"ferre"は，船の"ferry"とも関係します。

STEP 68 座長を務めることになったら

　国際学会でセッションの座長を務めるように依頼されることは素晴らしい名誉であり，通常，その分野で長年活躍してきた研究者がその役を担います。しかし，仮にあなたのキャリアが浅くても，国内学会や若手研究者によるセッションなどであれば，その役を得る機会があるかもしれません。

　その場合，まず，できればセッションが始まる前に（たとえば発表者が自分のPC接続チェックをしているときなど）座長として発表者に自己紹介をしておきましょう。こうしておくと発表者の名前の発音について確認できます。

　発表開始前に，聴衆に対して発表者を紹介するとき，あなたはその人の名前，所属，プレゼン・タイトルを言わなければなりません。ただし，そのタイトルが非常に長い場合には，省略して言い換えることもできます。

"Effect of the dopant concentration of the lifetime of the excited triplet state in a triple layer OLED measured with picosecond transient near infrared spectroscopy"
『ピコ秒過渡近赤外分光法で測定した三重層OLEDの励起三重項状態の寿命に対するドーパント濃度の影響』

であれば

"The next speaker is Dr. Johanna Smith from Somewhere University and she will talk about transient spectroscopy of OLEDs. Ms. Smith, the stage is yours."
「次の講演者は，Somewhere大学のJohanna Smith博士で，OLEDの過渡吸収測定についてお話しします。Smithさん，あなたの出番です。」

　発表者がプレゼン中に，質問をしたいことが生じた場合はメモを取ってください。もし聴衆から何も質問がなかった場合，「質問はありませんでした。発表に感謝申し上げます。」と言っただけで次の発表に移るのは，その研究に対して誰も何も興味を持たなかったような印象を与え，非常に失礼です。ですから，最低でも1つは質問をしましょう。

　発表者の話が終わったら，

"Thank you Ms. Smith for your interesting presentation."
「Smithさん，興味深い発表をありがとう。」

などとあなたから発表者への感謝を述べた後，次のように聴衆から質問やコメントを求めます。

"Are there any questions or comments?" / "The presentation is open for the discussion." / "Are there any questions from the floor?"

「質問やコメントはありますか？」／「プレゼンは議論のために開かれています。」／「フロアからの質問はありますか？」

（この場合，floorは「会場」の意味です）

挙手している聴衆がいれば，その人が質問をできるようにその人に向かってあなたの手のひらを指し向けてください（指をさすのはNGです。指をそろえて，手のひらを相手に向けてください）。

"Please. The person in the white jacket."
「どうぞ。白いジャケットの方。」

もし，あなたが知っている人物ならば

"Please Prof. Suzuki."
「鈴木教授，どうぞ。」

でもよいです。もし同時に複数の人が手を挙げた場合，そのうちの誰か1名を指名します。そして同時に，アイコンタクトと手によって，誰が2番目，3番目…になるのかを知らせておきます。それを見た彼らは，自分の番を待って質問することができます。

　ディスカッション・タイムで時間がたくさん残っているならば，すべての質問が終わった後で，

"We still have time for some more questions."
「まだ質問時間があります。」

と言ってみましょう。あまり時間がないようでしたら，

"There is just a little bit of time for a final short question and a short answer."
「最後に短い質問でしたら時間があります。」

もし時間がまったく残っていない場合は，

"I am afraid, the question time is over. Please join me to give a big hand to the speaker for his great contribution."
「申し訳ありませんが，質問時間が過ぎました。発表者の多大な貢献に対し，一緒に大きな拍手をお願いします。」

と言って締めくくります。この場合の"giving a hand"とは拍手をすることを意味しています。

STEP 69　発表前の細かな最終確認

　ここまで，プレゼンの準備について説明してきました。スライドづくりあるいはポスターづくり，質問に対する回答の準備などをすべて終え，あなたは今，会場で自分の出番を待っています。会場は発表前に必ず確認しておいてください。発表前日がベストですが，無理な場合は当日のできるだけ早い時間に確認してください。

　会場に着いたら，以下のようなことを確認してください。
- 会場の広さは？
⇒思っていたより会場が広かった場合には，文字サイズを大きくするなどといった調整をしてください。
- スクリーンは，部屋の奥行（前列から後列までの距離）に対して大きいか小さいか？（STEP 15）
- あなたのPCを置く机の位置は？
- コンセントはあるか？
- PC接続のトラブルが起きた場合に，対応してくれるスタッフはいるか？
- 会場は，発表中に照明がついているのか，完全に消灯しているのか？
- ディスカッション・タイムには照明をつけるのか？
- マイクはどんな種類か？（STEP 45）
- レーザーポインターはどんな種類か？（STEP 44）
- スクリーンを遮らないためには，どこに立てばよいか？
- 時間をチェックする時計はあるか？
（もしなければ腕時計やスマホを用意し，残り時間を必ず時々チェックしてください）
- あなたのPCをプロジェクターとつなぐコネクタの種類は何か？
（USB？　HDMI？　VGA 15 pin？　Wireless Bluetooth？）
- 複数のPCを，1台のプロジェクターにスイッチボードで同時に接続できるかどうか？
（次に控えている2, 3人の発表者のPCをつないでおくことで，交代時間を短縮します）
- 講演者に「水」は支給されるのか，それとも自分で用意するのか？
（かつて私は，招待講演においてカラカラに口が渇き，急にひと言も言えなくなったことがありました。その場に水はなく，結局，話をストップしなくてはなりませんでした！）

　そして最後に大切なことですが，発表者がいない休憩時間にあなたのPCをつないで，スライドがきちんとスクリーンに映し出されるかどうか確認することを忘れずに！

保険と非常食

もしあなたが学生なら，「自分は若くて健康！ 病気になんか負けない！」などと思っている方もいることでしょう。もしそうであっても，海外へ行く際には保険は必要です。事故や病気は，誰にでも起こりうるのです。また，信じられないほど高額な医療費がかかる国もあります。旅行保険は，だいたい1日につき1千〜2千円程度ですから，ぜひ1つは加入しておいてください！

また，海外の行ったことのない場所へ行く場合は，その場所の食事が合わないことやお店が空いていないことがあるケースを考慮し，常に多少の「非常食」を持っておくことが大事です。以前，私が僻地での学会に参加したときのことですが，私は現地へ夜遅くに到着したため，その地域で唯一のレストランは閉店していました。食べものをまったく手に入れることができず，空腹のまま寝ました！

そのほかにも，時差ボケのために夜中に起きてしまい，お腹が空くこともあれば，ストレスでお腹が痛くなることもあります。そんなときのためにいつも，最低1日を生き抜くためのドライフードを持って行くことをお薦めします（私はカロリーメイト派，本書の編集担当はソイジョイ派）。

ポスター発表におけるショート・プレゼンテーション

　今後の学会では，ポスター発表の内容の要旨を「口頭で短時間（2〜4分），数十件続けてそれぞれの発表者が紹介するショート・プレゼンテーションが増えることが見込まれます。この場合は，2〜4枚のスライドを準備し，自分の順番が来たらこんなふうに話し始めてください。

"Thank you. Good morning / afternoon / evening. I am Hanako Tanaka from Chitose Institute of Science and Technology and I would like to present my poster about『プレゼン・タイトル』."
「ありがとうございます。おはよう（あるいはこんにちは／こんばんは）。私は千歳科学技術大学の田中花子です。『プレゼン・タイトル』についてポスター発表をします。」

　そして，STEP 27で説明した10秒ポスター紹介を拡張・アレンジしたバージョンで話し続けるとよいでしょう。たとえば，

"The purpose of flower petals is to attract pollinators. Interestingly, there are flowers that turn transparent when wet! One example is the Skeleton flower, but many other plants do the same, even the Japanese cherry blossom. We used a surface active agent, Tween 20, and soaked the petals in there. As you can see in the picture, the white petals turn transparent. We have used electron microscopy to image the petals in the white and the transparent stage. Furthermore, we have made thin films of a fluorinated polymer, PVDF, by the so-called solvent inversion method. As you can see, the films are white and have a porous structure. Interestingly, when made wet, they also turn transparent, and this process is even reversible!"
「花びらの目的は，花粉媒介者を引き付けることです。興味深いことに，水に濡れると花びらが透明になる花があります！ 1つの例はスケルトンフラワーですが，他にも多くの植物，日本の桜でさえも同様の現象を示します。私たちは，界面活性剤のTween 20を使用し，そこに花びらを浸しました。写真でわかるように，白い花びらが透明になります。電子顕微鏡を用い，花びらが白いときと透明なときの花びらを画像化しました。さらに，我々は，いわゆる溶媒反転法により，フッ素系ポリマー，PVDFの薄膜を作製しました。ご覧のとおり，フィルムは白く，多孔質構造をしています。興味深いことに，濡れると透明になり，このプロセスは可逆的です！」

　最後に，次のように終わりにします。

"I hope to discuss my further results with you at my poster. Thank you."
「さらなる結果については私のポスターで議論したいと思います。ありがとうございました。」

ポスター発表には，まわりのポスターとの競争があります。また，口頭発表とは違い，長時間のディスカッションが可能です。どうすれば自分のポスターを多くの人に見てもらえるのか，どうすれば自分も質問者も満足できるディスカッションができるのか，そのテクニックをお伝えします。

実践編❷

ポスター発表

STEP 70 ポスター発表における アピールの方法

　ほぼすべての学会にポスター・セッションがあります。展示する時間が決められている場合もあれば，特に小規模の学会では，学会期間中，ポスターがずっと展示されている場合もあります。後者の場合でも，ポスター・セッション専用の時間が設けられています。ポスター・セッションの時間，あなたはポスターの側にいて，学会参加者の質問に答えることになります。ポスターは，あなたが長い時間をかけて成し遂げた研究成果ですし，あなたの発表を見るために，学会参加費と交通費をかけた人がいるかもしれません。ですから，できるだけ多くの人たちとあなたのポスターの内容を共有するために，ベストを尽くさなければなりません。

　ポスターの側に立ちながら，ポスター会場に足を運んできた人たちに自分のポスターをアピールして，足を止めてもらえるように努力しましょう。そうして，あなたのポスターを読み，質問をしたくなるように，招き入れる姿勢を心がけましょう。ただし，参加者があなたのポスターを見ているときは，あなたが会話に引きずり込もうとしているという強引な印象を与えないように気をつけてください。，誰と話す，話さないは自分

で決めたいものです。

　もちろん，あなたは自分のポスターについての10秒紹介を暗記していますよね（STEP 27）。それを使う用意を常にしておいてください。でもその前に，あなたにはすべきことがあります。このポスターの発表者が自分であるとはっきりわかるように，ポスターの側に立たなくてはなりません。発表会場のレイアウトによっては，自分のポスターの両隣のポスターが近すぎて，発表者が誰なのかわかりにくいことがあります。その場合も立ち位置を工夫して，自分のポスターをわかってもらえるよう，最善を尽くしてください。このとき，ポスターに顔写真を載せておくと役に立ちます。ボディ・ランゲージも大事です。人を惹きつけるようなボディ・ランゲージをしなければなりません。腕を組んだりしないでください。遠くを見たり，逆に足元を見たりしないでください。また，自分のポスターをじっと眺めないでください。まわりの人がこれはあなたのポスターではないのかなと困惑してしまうからです。

　上のようなことに気をつけてポスターの側に立ち，人がどのように他のポスターを見ているか観察してください。たとえば，ある人がそれぞれのポスターに対してタイトルを中心に5秒程度見ながら，近づいてきたとします。その人があなたのポスターの前でも同じ様子なら，その人には話しかけないでください。その人はあなたのポスターに興味を持っていないからです。もしその人が5秒以上いて，あなたのポスターの他の項目も読んだのなら，興味を持っているとわかります。そこでアイコンタクトをして，

"Can I give you a ten-second introduction?"

と聞いてみます。"Yes"と言ってくれたら自信を持って紹介を始めることができます。

コラム

学会のミキサー

　現在，学会は朝早くから開始されることが標準的で，ほとんどの学会参加者は学会の前日に会場近くに到着しています。そのため，学会前日の夜に，会場で懇談会が行われることも多くなっています。そうした懇談会はミキサー（Mixer：欧米ではStarterと呼ばれる場合もあります）と呼ばれ，つまむ程度の食べ物や飲み物が多少あります。学会参加証や要旨集などを受け取ることもできます。ミキサーはバンケット（懇親会）とは違います。ミキサーはバンケットよりもインフォーマルで，食べ物や飲み物は少ないです。会場に遅く到着した場合には，食べ物や飲み物はもう残っていないかもしれません。

　ミキサーのある学会は，たとえば以下のようなプログラムとなります。

[Aug 20]　14：00-18：00 Registration
　　　　　18：00-20：00 **Mixer**

[Aug 21]　9：00-12：00 Organic Electronics
　　　　　……

STEP 71 ピンポイントの質問が来た場合

　ほとんどの学会では，議論の活性化を目的としてポスター・セッションが設けられています。ディスカッション・タイムが長いこと，それがポスター発表の最大の特徴です。私はとある学会で，1人のポスター発表者とある実験結果について，30分近く議論したことがあります。どんな種類の質問が出てくるのか，議論がどれほど深くなるのかは予測不可能です。時間が長いため，すべての質問に備えることはできません。

　前のSTEP 70でお話ししたように，あなたのポスターの前で足を止めた人も，あなたの10秒紹介で満足し，

"Thank you very much for your kind explanation, good bye."
「さようなら，親切な説明をありがとう。」

と言ってその場を去ってしまうかもしれません。あるいは

"Please tell me what is this research good for. For what is it useful?"
「この研究は何のためになるのか，何に役立つのか教えてください。」

といった，よくある厳しい質問（STEP 64）をするかもしれません。その場合，あなたはポスターには示していない研究の将来像について，以下のように説明しなくてはなりません。

"The results of my research might be useful for ..."
"These results might be applicable for ..."
"In the future, it might be possible to ..."

　また，あなたのある実験結果について，具体的な質問をしてくる人もいるかもしれません。

"How did you measure the swelling ratio?"
「膨潤率はどのように測定しましたか？」

"What kind of staining did you use for your TEM images?"
「TEM画像にはどのような染色を使用しましたか？」

"Why did you not use ethanol as a solvent? It is much more environmentally friendly than DMF."
「なぜエタノールを溶媒として使用しなかったのですか？　DMFよりも環境にやさしいです。」

　すべての質問を予想することはできないので，事前準備はできませんが，ポスター発表の回数を重ねていくと，立ち止まる人が何を尋ねてくるのか，およそわかってくるようになります。少なくとも口頭発表のときと同じように，ポスター中にあるすべてのグラフ，図，データを説明できるようにしなければなりません。たとえば，

"In order to explore the effect of carbon dioxide on crystal growth, we added 0.1 milli mol of dimethyl carbonate, DMC. As these images here show, the crystals grew more rapidly and became more dense with DMC."
「結晶成長に対する二酸化炭素の影響を調べるために，0.1ミリモルの炭酸ジメチルDMCを加えました。これらの画像が示すように，結晶はより急速に成長し，DMCでより高密度になりました。」

　口頭のプレゼンより聴衆の数は少なくても，十分に準備したポスター発表の経験はあなたの討論技術を磨き，将来の研究に役立つヒントを与えてくれるでしょう。

STEP 72 自分のポスターが大盛況に なってしまったときは

　興味深い結果にあふれた魅力的なポスターであれば，そのポスターに大勢の人々が惹きつけられることがよくあります。初めは1人か2人，あなたと議論していただけであっても，群衆効果が発生して，多くの人が集まってくるかもしれません。人は群衆・行列には「何かおもしろいことがあるに違いない！」と思い，足を止めます。人が群衆に惹きつけられるのは人間行動なのです。

　自分のポスターに大勢の人が集まってきてしまったときに気をつけるべきことは，ある1人のAさんと議論するときに，ポスターを見ている他の人たちの視界の妨げにならないように立つことです。人が増えれば増えるほど，質問も増えていきます。Aさん1人との議論に没頭しすぎないでください。長い時間，Aさんとポスターの詳細について討論していると，他の人々も質問したがっていることに気づけないかもしれません。時々まわりを見渡してください。誰かが何か質問したそうだと感じ取ったら，Aさんにこう言えばOKです。

"Can we leave the discussion at that point? There are others who are interested in my poster."
「このあたりでディスカッションを終了してもよいですか？　ほかにも私のポスターに興味を持ってくれている人がいます。」

　まわりにいた人たちはあなたのポスターについてすでに長い時間見ていて，またAさんとの議論も聞いていたので，次の質問者から一気に詳細な質問がくるかもしれません。逆に，Aさんとの議論を聞いていたことによりすべての疑問が解決してしまい，Aさん以外，あなたに対して誰も話しかけない可能性もあり，その場合には，あなたは自分のポスターの前で取り残された感じになってしまいます。

　もしそうなったとしても，他の人たちがあなたのポスターについてどう思ったのかを直接聞けるのは素晴らしい機会です。学べることが多いので，質問者の話は注意深く聞きましょう。同様に，自分のポスターではなく，他人のポスターについて発表者と質問者の会話を立ち聞きできる機会があったときには，どんな議論になっているのかを聞いて，理解しようと努めてください。

色に関する接頭辞

　科学において色はたいへん重要です！　自然そのものも色彩豊かですし，化学的にさまざまな色を有する化合物を合成することもできます。そのため，古くからさまざまな色に対してそれぞれ名前が付けられており，化合物もその色の名前に関連して命名されてきました。以下に自然科学における色の名前の関する接頭辞を紹介します。

赤色系：coccino-, erythto-, rhodo-, eo-, purpureo-, rubi, rubri, rufi-, rutuli-, rossi-, roseo-, flammeo-

オレンジ系：chryso-, cirrho-, aureo-, flavo-, fulvi-

黄色系：xantho-, ochreo-, fusci-, luteo-

緑色系：chloro-; prasini-, viridi-

青色系：cyano-, iodo-, ceruleo-, violaceo-

紫色系：porphyro-, puniceo-, purpureo-

白色系：leuko-; albo-, argenti-

灰色系：polio-, glauco-, amauro-, cani-, cinereo-, atri-

黒色系：melano-, nigri-

たとえば，「白血球」は"leucocyte"，「赤血球」は"erythrocyte"です。また，"melanocyte"（メラノサイト）は「黒い細胞」であることから命名されています。

海外でキャリアを築く

　海外へ一定期間留学するのではなく，海外で生涯研究を続けようと考えている方もいるかもしれません。そうした方にとって，良い知らせと悪い知らせがあります。良い知らせは，海外で成功した経歴をもつ日本人研究者は大勢いることです。一方，悪い知らせは，成功した人の陰には，成功しなかった人たちがたくさんいることです。

　私の個人的な知り合いである2人の外国人研究者は，一生懸命頑張って日本の大学でキャリアを築こうとしましたが，仕事を得ることができず，結局日本を去ることになりました。海外で一生研究を続けるには，端的に言うと，適切な場所で，適切なタイミングで，適切な地位を得ることが必要です。仕事を得られるかどうかに重要なのは運だけではありません。自分の行動も重要で，チャンスは自らつかむこともできます。

　私は日本の研究者として人生のほぼ半分を過ごしてきました。どうしてそれができたのかと時々考えることがあります。私が思うに，第一にものごとの考え方と性格が非常に重要です。数年前，インターネットの性格テストをやってみました（いろいろなものがあるので注意です。ユーザーから情報収集することだけが目的である，専門家ではない人による「テスト」もたくさんあります）。このテストは専門家によるテストのようで，方法論もしっかりと示されており，結果が匿名扱いで集計されていました。そこでは性格を16パターンに分類していましたが，私は「広報運動家」と診断されました。広報運動家のモットーは「人生が退屈だなんてどういうこと？　そんなことを言う人と同じ星に住んでいるなんて信じられない」でした。もし言語や食べ物，文化が異なる世界で活躍したいなら，ポジティブな性格と問題を解決する力，ストレスに耐えられる力が必要です！

　上でお話しした「適切な場所」を得るためには，いろいろな海外の学会に参加し，海外の研究者と話して質問をするなど，多くの人と関係を築くようにしましょう。また，「適切なタイミング」を感じとるためには，どんな研究分野が現在あるいは近い将来，有望となるのかを予想しましょう。その分野に対して自分はどう貢献できるかを考えてください。

　「適切な地位」を得るためには，その地位には自分が適任であると思ってもらえるような人物になることが重要です。英語力だけではなく，総合的なコミュニケーション力と，専門的な技術力を最大限生かしましょう。

　シャイではだめです。指導教官に知り合いの研究者を紹介してもらえるよう積極的にお願いしてください。

人生において往々にして予期せぬことが起こるのと同じく，プレゼンにおいても予期せぬトラブルはつきものです。困ったときにはどうすればよいのか，そして，より魅力的なプレゼンをするにはどうすればよいのかなどについて，最後にお伝えします。

発展編

ミスをしてしまったら

　人は必ずミスをします。マーフィーの法則で「落としたトーストがバターを塗った面を下にして着地する確率は，カーペットの値段に比例する」などといわれているように，誰もがおもしろいようなミスを経験します。うまくいかないときには何をしてもうまくいかない，そんなときがあります。人間は完璧でありません。失敗するのです。

　プレゼンのスライドを作成したり，見せるために使ったPCやソフトなどのプラットフォームを取り変えたりするとき，そのフォーマットの中で予想外の変換やエラーが起こり，公式や特殊文字がおかしくなってしまうことがあります。こうしたリスクを確実に回避したいなら，スライドのJPEGデータを持っていきましょう。JPEGは画像データなので，どんなPCでも機能します。あなたのスライドが認識不能に陥ったときに，この技でプレゼンを救うことができます。

　では，次のような本当のミスがあった場合にはどうすればよいでしょうか。

・何度もスライドをチェックしたはずなのに，スペルミスがあった！
　自分が話している最中に自分のスライドの内容に誤りを見つけた場合，率直に

「すみません，この公式は若干間違っています」
「名前のスペルが違うことに今，気がつきました」

と認めればよいでしょう。ディスカッションの時間に，誰かがあなたの間違いを指摘することもあります。

「名前の "Schmidt" はスペルが違います。tを2つ重ねて "Schmitt" ですよ。」

このように言われたら感謝を込めて

"Thank you very much for pointing out my mistake. I will correct it."

と答えましょう。後になったら忘れてしまうかもしれないので，即座にその場で皆が見えるよう，スライドを編集してかまいません。

・何度も発表練習をしたはずなのに，重要な語彙が出てこない！
　あなたが上がり症の場合や極度の緊張状態にある場合は，ミス発生のリスクが増加します。たとえ原稿を見ないで問題なくプレゼンすべきだとしても，使い慣れていない単語のリストは手元に準備しておいたほうが良策です。印刷しておく，あるいはスマホに保存しておくなどすれば，単語を忘れてもさりげなく調べることができます。それができないときや，ディスカッション中に英語がわからない単語が必要になったときには，

自分の知っている単語やフレーズを駆使して連想しやすいように説明してみてください。

"I am sorry, I do not know the scientific word for it, but I mean something like a ..."
「申し訳ありませんが，科学用語はわかりませんが，…のようなものを意味しています。」

　こんな表現を使って言い換えれば，以下のような単語を知らなくてもわかってくれるはずです。

【例】
- syringe ⇒ needle
- occular ⇒ the eye piece of a microscope
- piston ⇒ the moving part in an engine
- subcutaneous injection ⇒ injection under the skin
- supersonic speed ⇒ speed faster than (the speed of) sound
- post-traumatic stress ⇒ stress after a terrible experience
- instantaneous combustion ⇒ it immediately starts to burn

　科学プレゼンとは関係ありませんが，私は以前，レストランで目玉焼の英語 "sunny side up" がわからなかったときに，こんなふうに説明して解決したことがあります。
"a raw egg that is fried on one side only, keeping the egg yolk intact"
（黄身はそのままの形で，片面だけ焼く卵）

　参加者のほとんどが日本人と韓国人である学会で，こんなことがありました。私は，「タンポポ」という単語 "dandelion" を忘れてしまったのです！　どうしたかって？　こんな感じです。

"We were using several types of pollen from very common plants. One was from a pine tree, Pinus nigra, and the other one from Taraxacum officinale. Oh, I am very sorry! I cannot remember the common name in English. In Japanese it is Tanpopo, and in German Löwenzahn, but I completely forgot the English! But here is the picture. You know what I mean."
「私たちは非常に一般的な植物のいくつかの花粉を使用しました。1つは松の木，Pinus nigraのもので，もう1つはTaraxacum officinaleのものです。あぁ，すみません！英語での表現が思い出せません。日本語ではタンポポ，ドイツ語ではレーベンゼンですが，英語を完全にど忘れしてしまいました！しかし，ここに写真があります。私の言っていることはわかりますよね。」

と正直に伝えました。そうしたら話し終わった後に人が来て，「オラフ，タンポポは "dandelion" ですよ。」と思い出させてくれました。

STEP 74 日本語なまりや誤った単語に対して ネイティブの聴衆はどう思うのか

　発音についてはこれまでも何度かお話ししてきました。ネイティブ・スピーカーではない人の典型的なアクセントは，問題や混乱，誤解をもたらしやすいですが，ある意味，これは防ぎようがありません。グローバル化にともなって科学者の国際交流はますます増え，さらに発展途上国からの学会参加者も増えていることから，さまざまな国が出身の，さまざまな人のアクセントに慣れていくことで，発音による誤解は減っていくものと思われます。

　またSTEP 29でお話ししたように，Google翻訳において言語で「日本語」を選択して英語を発音させれば，日本人が話す典型的な英語をまねして話すような時代です。日本人の英語には独特なアクセントがありますが，それでもまったく問題ありません。「L」と「R」，「B」と「V」の発音が不明瞭であること，および「s」と「t」の代わりに「shi」と「tsu」と発音してしまうことから生じる誤解は若干あるかもしれませんが，ほとんどの場合，単語の意味は文章の前後関係で明白になります。

［RとLの発音ミス］
○ガラス（glass）を基板として使用した。
×草（grass）を基板として使用した。
もちろん，これは無色透明なケイ酸化合物のほうであり，緑色の植物の草（grass）ではないとわかります！

［BとVの発音ミス］
○電極には1ボルト（volt）流した。
×電極には1つのボルト（bolt）を流した。
これは電圧のほうであり，金属ピンのボルト（bolt）でないとわかります。

　これに対し，数字は聞き分けるのが難しいときがあります。たとえば，英語の15と50はトラブルになることがあるほどやっかいですが，15は後ろの音節（fif・**teen**）にアクセント，50は初めの音節（**fif**・ty）にアクセントがあります。13と30，14と40，16と60，17と70，18と80，19と90も同様のパターンです。対処法として，すぐ後に桁ごとの数字を繰り返し言うことによって明確にするという手があります。

"In our experiment, we used 15 grams, one five grams, of PMMA and added 50 mL, five zero mL, DMF."
「この実験では，15グラムのPMMAを使用し，50 mLのDMFを加えました。」

　また，日本人は大きな数につまずくことがあります。というのも，日本では十進法（一，十，百，千，万…）が使われており，10^5は十万ですが，欧米ではほとんどが千単位，すなわち10^5は100,000として認識しており，one hundred thousand（百千）になります。そこで，会話やプレゼンにおいて，数字がすぐに言えないことが原因で流れを止めることのないように，いくつか覚えておくべき役に立つ数字をまとめておきます。

10,000	10^4	1万	ten thousand
100,000	10^5	10万	one hundred thousand
1,000,000	10^6	100万	one million
10,000,000	10^7	1000万	ten million
100,000,000	10^8	1億	one hundred million
1,000,000,000	10^9	10億	one billion

　たとえば
"Japan has a population of over one hundred million people."
「日本の人口は，1億人以上です。」
のように使います。

　ちなみに，1億円を示す場合には，"one hundred million yen" ではなく "approximately one million dollars"（およそ100万ドル）と言ったほうがよいでしょう。

ジョークの正しい使い方

　私はこの本の冒頭で，聴衆と個人的につながったほうがよいとお話ししました。つながりがコミュニケーションへ，コミュニケーションが理解へ，理解が共感へと発展していきます。そして，共感しあえば記憶に残りやすく，友人にもなりやすいものです。

　「ジョーク」は仲良くなるのに良い方法ですが，慎重に使わないと敵を作ることにもなります。私はさまざまな場面で，ジョークで成功したこともあれば，痛いほど失敗したこともあります。決して他国，政治，人種，宗教に関することにジョークは使ってはいけません。たとえば，スコットランド人についておもしろいジョークを見つけたとしても，聴衆の中にスコットランド人がいてそのジョークを聞いたら怒らせてしまうかもしれません。

　以前，聴衆に水晶の顕微鏡写真を見せたときの話ですが，たまたま写真の左側の水晶は緑で，右側は赤かったので，私はこう言ったのです．

"As you can see, the crystals on in the west are green and in the east they are red."
「ご覧のように，西の結晶は緑で，東の結晶は赤です。」

地図上では北は上，西は左，そして東は右です。それは問題ではありませんが，ドイツ統一の数年後にドイツの国内学会で私はそう言ったのです。学会発表の後，2人やってきて，「オラフ，何を考えているんだ？　ジョークにならないよ！」と言われました。なぜなら当時，ドイツの西側から東側への経済支援のための多額の投資について深刻な議論があり，誰がその経費を背負わなければならないかという激しい討論があったのです。私は日本に暮らしていたのでそんなことを考えることもなく，こんな愚かなジョークを言ってしまいました。

　大地震がどこかで起こった後に，こんなジョークは絶対だめです．
"One tectonic plate bumped into another and said, "Sorry, my fault.""
「ある構造プレートが別のプレートにぶつかり，「ごめんなさい，私のせいです」と言いました。」

　一方で，あなた自身についてであればもちろんいつでもジョークを言うことができます。

[良い例]

"You know why I love self-organization*? Because I am lazy. I let molecules assemble themselves, instead of having to do it by my own."

「なぜ私が自己組織化を大好きかご存知ですか？　私は怠け者なので，自分がやらなくても分子が自分で集合するようにさせているのです。」

[あまり良くない例]

"You know why scientists love self-organization? Because they are lazy. They let molecules assemble themselves instead of having to do it by their own."

「なぜ科学者は自己組織化が大好きかご存知ですか？　科学者は怠け者なので，自分がやらなくても分子が自分で集合するようにさせているのです。」

　学会発表で後者の例を話したときも，発表の後に1人がやってきて，"Olaf, I am not lazy. Don't say that."と言われました。ですので，上の良い例のように，自分についてのジョークならば，まわりの人々は笑ってくれるかもしれません。

　他に，次のような「安全な」ジョークがあります。

"I always thought the brain was the most wonderful organ. Until I realized, who is telling me this."

「私は常々脳がもっとも素晴らしい器官だと思っていました。このことを私に気づかせてくれたのは，誰だろうか。」

STEP
76

1つの文章には1つの考え，1つの段落には1つのコンセプトを

　日本語で書いたセリフを英語に翻訳するときに，文章が複雑になりすぎることがたまにあります。通常，1つの文章で伝えたいことは1つとなるようにすべきです。以下は極端な例ですが，どれほど文章が複雑になりうるか紹介してみましょう。

"Considering the increase in worldwide plastic production, especially the one in southeast Asian countries, that is promoted by global companies, in order to increase their market share in those new and growing markets, it is imperative that in parallel to this development, a nationwide network of efficient plastic recycling infrastructure that comprises the collection, transport and recycling of plastic waste, is established."
「グローバル企業が推進している世界的な，特に東南アジア諸国でのプラスチック生産量の増加を考慮すると，これらの新しい成長市場での市場シェアを高めるためには，プ

コラム

日本の研究競争力低下

　国際的な日本の研究競争力低下が問題になっています。たとえば，インパクトファクターの高い（*Nature* や *Science* など国際的な影響の強い雑誌）学術論文誌における日本のランキングは，どんどん低下しています。1995年から1997年の間，日本は，引用数で「上位10％の論文」と「上位1％の論文」の両方のランキングにおいて第4位でしたが，2019年時点では第10位にまで下がっています。日本の「上位10％の論文」の数が3,900であるのに対して，中国は28,400でした。

　引用数上位の論文の数だけでなく，国外の研究者との共著論文の数も急速に減少しています（参考URL: https://www.nistep.go.jp/en/?p=4727）。このことは日本の科学技術力の低下に関するシンポジウムでもしばしば指摘されています。近年は国際的な共著により重要な論文が書かれることも多いのですが，日本は研究者の国際的な流動性が低いようです。国際的な共著論文数の減少は，日本の科学者の存在感が世界的に見て衰退していることを明らかに表しています。

　この流れを止められるのはあなたです！　国際的な考え方を養ってください！　国際学会でいろいろな人に話しかけ，共同研究をするパートナーを見つけてください！　海外で研究をするチャンスを積極的に探してください！　互いに利益が得られるように，相手と信頼関係を築くことが重要です！

ラスチックの生産の開発と並行して，プラスチック廃棄物の収集，輸送，リサイクルを含む効率的なプラスチック・リサイクル・インフラストラクチャの国中のネットワークを確立することが不可欠である。」

　きっとこんな文章を聞かされた人は固まってしまうだろうと私は確信しています。1つの文章に情報を含みすぎているのです。このモンスター文章を聞かされた聴衆は，まず理解不能だと思います。このモンスター文章をピリオドでいくつかに切り分け，接続詞を使ってつないでみましょう。

"Especially south-east Asian countries have seen an increase of plastic production, which is promoted by global companies. It is imperative that in parallel a efficient domestic infrastructure is established, for collection, transport and recycling of plastic."
「特に東南アジア諸国では，グローバル企業が推進しているプラスチックの生産量が増加しています。プラスチックの収集，輸送，リサイクルのために，効率的な国内インフラも並行して確立することが不可欠です。」

　上の文章から一部の情報を捨てることで，すっきりしました。文中のコンマと文末のピリオドは，止まるべきところ，呼吸すべきところを教えてくれます。聴衆もまた，あなたが次に進む前に，手前の文で語ったことを受け止める時間が持てます。

　シンプルな表現を大切に。ゆとりと自信を持てるレベルの英語にしておきましょう。

STEP 77 最後に
——自信を持って楽しくプレゼンをしよう

　これまで皆さんに，プレゼン用のスライド・ポスター作成やディスカッション・タイムの対応などをはじめとして，プレゼン上達のためのヒントを提供してきました。しかし，こうした技術面を向上させるだけではなく，プレゼンそのものに対して前向きな姿勢を持ってもらえるように，すなわち喜びを感じてもらえるようになればと思い，そうした内容も随所に盛り込んできました。良いプレゼンは，高い技術とルールに「従うこと」により生まれるのではなく，発表者の考え方や気持ちも重要だからです。

　あわてて準備したプレゼンはおそらく良いものにはならないでしょう。以下を参考に，プレゼンの準備にはしっかり時間をかけてください。

①まず，プレゼンの内容を作ってみる。1回目のバージョンは時間にかなり余裕を持って準備すること。
②1回目のバージョンは，数日から2週間程度寝かせる。
③その後，再度見直し，修正を加えていく。
④まわりの人（同じ研究室の同級生や先輩，研究所や企業であれば同僚など）にも見てもらい，意見を聞く。
⑤このプロセスを2回ほど繰り返す。

　プレゼンの準備中，場所を移動するなどして気持ちをリフレッシュすることが良い効果を生む人もいます。私の場合，自転車に乗っていると最高のアイディアが得られます。自分はいつ，どのような場所でインスピレーションが沸きやすいのか，探してみてください。

　話し上手になるために，まわりの人を参考にして学ぶこともできます。たとえあなたの研究分野でなくても，学内での特別講義など，他の人のプレゼンを聞ける場面には積極的に出向いてください。スライドやボディ・ランゲージ，あるいはどのように難問に対処しているかを現場で見て，良い技術はマネをしてください。逆に他の人がプレゼンでミスをしていた場合は，同じようなミスを自分がしないように気をつけてください。

　ドイツのことわざを1つ紹介します。

"Es ist noch kein Meister vom Himmel gefallen."
「生まれつきの達人はいない。」

　これは，英語なら "no master ever fell from heaven"，日本語なら「ローマは1日にしてならず」や「千里の道も一歩から」という感じでしょうか。

　これらのことわざは，自然の法則と同じくらい本当のことです。練習こそが人を上達させます。素晴らしい先生方は，このことを知っています。指導教官や上司はあなたの誤りを指摘し，励まし，アドバイスをくれます。困ったときは，指導教官や上司に聞いてください。

　上達していくと，日本語で原稿を作成してから英語へと翻訳するのではなく，初めから英語で原稿を書けるようになります。ぜひチャレンジしてみてください！　政治家や弁護士が使うようなややこしい英単語を多用してはだめです。自分の言葉を使ってください。たとえあなたがあるお決まりの日本語の英語表現を知らないとしても，STEP 73で説明したように，それが伝わるように表現を工夫してください。

　自分の能力については，200 mLのグラスに100 mLの水が入っているような状態だととらえておきましょう。グラスは，半分は満たされていて空ではありません。ですので，嘆いたり，無いものねだりをしたりする必要はありません。あなたが持っているものを楽しんでください。努力を継続していけば，あなたのグラスは時とともにゆっくりと確実に，そして完全に満たされていくのです。

索引

著者紹介

カートハウス オラフ (Karthaus Olaf)
1963年，ドイツ・コブレンツ市生まれ。ドイツ・マインツ市のヨハネス・グーテンベルク大学化学・薬学部化学科博士課程修了の後，1992年に来日。東北大学工学部の日本学術振興会外国人特別研究員を務めた後，1994年から北海道大学電子科学研究所助手，2000年から千歳科学技術大学助教授，2006年から同教授。専門は高分子科学。

上野早苗（うえの さなえ）
札幌市内の英語塾，英会話講師，親子で楽しむ英語クラブの企画およびボランティアリーダーを15年務める。2004年から千歳科学技術大学メディアラボに勤務，2018年から小樽商科大学学生支援課に勤務。

榊ショウタ（さかき しょうた）
漫画家・イラストレーター。

NDC 407　　175p　　21cm

オラフ教授式　理工系のたのしい英語プレゼン術77

2020年5月21日　第1刷発行

著　者	カートハウス オラフ・上野早苗・榊ショウタ
発行者	渡瀬昌彦
発行所	株式会社　講談社

〒112-8001　東京都文京区音羽2-12-21
　販　売　(03)5395-4415
　業　務　(03)5395-3615

編　集	株式会社　講談社サイエンティフィク
代表	矢吹俊吉

〒162-0825　東京都新宿区神楽坂2-14　ノービィビル
　編　集　(03)3235-3701

本文データ制作	有限会社グランドグルーヴ
カバー・表紙印刷	豊国印刷株式会社
本文印刷・製本	株式会社講談社

落丁本・乱丁本は，購入書店名を明記のうえ，講談社業務宛にお送りください．送料小社負担にてお取替えします．なお，この本の内容についてのお問い合わせは講談社サイエンティフィク宛にお願いいたします．
定価はカバーに表示してあります．

ISBN 978-4-06-519609-0